旅館安全管理

Hotel Safety Management

【2nd Edition】

黃惠伯◎著

序

　　由於觀光事業的發展，五星級旅館在國內各大城市已如雨後春筍般地先後展開營業；更因工商業的發達，國人生活富裕，講求休閒生活，風景名勝地區的休閒旅館也應運而生，普遍地發展起來，因而經營旅館的服務業也隨著蓬勃地發展。於是一些大專院校為培植旅館的經營人才，相應地創設科系，或創立專業旅館的經營學校，介紹旅館管理的書籍也普遍起來。但是專為討論旅館安全管理的書籍卻不多，筆者從事旅館安全管理工作十餘年，在此以前，又曾經歷治安、警察工作三十多年之久，對旅館安全工作的體認更是深切，不僅是實際工作的實務經驗，更能從捍衛國家以及維護社會安全著眼；從整體安全的觀點，深知旅館安全不僅是旅館本身的事，與國家、社會的整體安全也是息息相關，有感於此，遂不揣讓陋，毅然執筆，將十多年的工作經驗記述下來，以就教於高明。

　　不可諱言的，社會犯罪問題隨著社會的發展愈趨複雜而嚴重，我們更因兩岸關係，政治環境尤形複雜，又有國家認同的問題，社會犯罪問題如果能局限在社會性的範圍內，沒有政治的原因滲入，無論有多嚴重，總還在一定的範圍內，假若一旦被政治陰謀所操縱，則將不可收拾。旅館的環境在經營者的立場而言，本是營利的商業，但卻是社會的一環，豈能獨善其身。但是旅館經營者有責任保護旅客生命財產安全，自不能容忍犯罪事件在旅館內潛滋暗長，何況國際觀光旅館更是動見觀瞻，國際間政治人物、財經領袖、社會名流或住宿旅館、或假旅館從事活動，也是國家領袖、各級行政首長經常蒞臨場所，有關安全職責，旅館經營者基於對旅館及所僱員工安全的照顧，責任重大，雖有一流的服務、豪華的設備，苟若沒有優良的安全管理，對旅客的生命財產缺乏妥善的照顧，顧客是不會上門的，所謂「賓至如歸」，這句話裡面，安全的係數，所占比率是應該較高的。

　　安全工作繁雜瑣碎，再周密的準備也難免一疏，危害事故難免發

生，萬一發生，應妥善處理，將危害情狀掌握控制，使損害降至最低。是故，處理危害事故的技巧，顯屬重要，除必須具備的相關知識，尚須具有智慧、敏銳的反應、語言表達的能力；還有主事者的臨事態度，在不同的情境中，沒有一定的原則，也沒有相同的法則，總以減少損害為最高準則。安全管理的眾多事項中，最關重要的還是消防管理，若是一旦發生火災，其影響自較盜、竊、傷害等社會犯罪事件要重大得多。

旅館的安全工作為人重視，尤為負責社會安全及治安的警察治安機關所關懷，理由自為明顯，須格外地加以監督，似屬必須的。其實，特別關心旅館安全管理的，還是旅客，筆者經常應旅客要求，陪同察看旅館的各項安全措施，非常認真實地檢查各項設備，發現缺失，要求改善。一些知名的工商團體，因其事業遍及全球，或分區召集各地事業體經營者會議，須利用旅館住宿及開會，或因其所屬員工出差須利用旅社，向員工介紹安全性最佳的旅館，每年皆會派遣總公司的安全工程師或安全主管訪查各地旅管的安全措施及消防設備，要求之嚴格較政府主管機關尤甚。

也常有住宿旅館的單身旅客，於其住宿期間發現缺失，立即要求改善，譬如有餐廳清洗地毯將桌椅移放在消防梯間，雖然還不到半小時，即被一位美國旅客發現堵塞逃生通道，立刻向大廳經理抱怨，表示嚴重抗議，經通知該餐廳，但延至十分鐘尚未撤除時，該美籍旅客第二次抗議，要求即刻撤離。甚至於有旅客抱怨公共廁所內面盆水龍頭水流量太小或太大，連走廊燈光強弱，都會提出意見，要求改善，旅客關心本身安全，對旅客有關安全的設施關心，表示意見，無可厚非，旅館的從業人員對旅館的各種安全措施，自應完全了解，不僅是業務需要，適時向旅客說明，也因為本身的一切都繫屬在旅館理，除生命、身體的安全外，個人的事業與職場，無不與旅館息息相關。

本書中舉述若干案例，都是發生在各個場所中實際的事例，從這些案例中可以明白在各個不同的場所中，其所以會發生這些事例，有其必然的因素，環境是決定該類事件的誘因，改善環境，消除一些必然的因

素，才是防患於未然的最佳手段，任何犯罪事件、傷害事件，甚或是消防事件，都該以預防其發生為首要，哪怕只是妨害安寧、影響公共秩序的事件，都能不任其發生。唯百密難免一疏，但在事故發生後，講究處理的方法和技巧，才能減低損害，以及認真檢討，所謂前事不忘，後事之師也。都在每一案例中，詳予說明。

本書除提供從事旅館業者對安全管理有系統的了解外，也可供喜愛旅遊人士的參考。選擇安全性高的旅館住宿，以免生命財產遭受損害，尤其利用旅館從事集體活動的各類團體，在選擇旅館作為團體活動時，須先了解該場所的安全設備和管理情形，要先指派具有消防知識的人員，實地進行勘查有關的消防設施，如火災報警設備、自動滅火設備、緊急廣播、疏散計畫、逃生路線等，消費者果能如此重視「旅館安全管理」，必也能督促旅館業者重視安全管理，促進社會安全。

安全工作是以預防危害的發生為最高指導原則，不使其發生是絕對的要求，尤其是消防問題，如一旦發生火災，不管是否「成災」，旅館的信譽就深受傷害，小則營業中斷，大則結束營業，也可能從此一蹶不振，還有民、刑責任負荷，是故，防火管理為最重要，人人小心謹慎，人人遵守規則，人人都具有滅火能力，時時刻刻留心，共同防範發生火災，萬一發生，有能力不任其擴大成災。認識若干安全事故，多係人為因素，人人均能本此認識，以預防其發生為首要，此乃本書之要旨。

唯安全工作必須是整體的作為，不是某一個單位或是某些人的事，而是全體工作人員的工作，上自老闆，下自每一工作夥伴，都需要參與，都有一定的責任，只是有些單位、有些人員接觸的事務較多或較少的差別，筆者從事旅館安全管理工作十餘年，深深地體會到安全的重要性，故不揣淺薄，將十多年的工作心得編撰成書，唯限於粗疏，當有不能表達者，深覺遺憾。

黃惠伯

目　錄

Chapter **8**　員工安全管理　169

Chapter **9**　外包商安全管理　211

Chapter **10**　防爆管理　217

Chapter **11**　危機管理　227

緒　論

　　旅館是供旅客住宿、餐飲及休閒的場所，由旅客
交付金錢予旅館經營者，經營者獲取利潤，經營者有
法定的責任與義務，須維護旅客的安全。經營者因須
提供旅客所需而募用員工執行業務，其對所有員工生
命、身體、財物的安全，基於遵守保護勞工權益的法
令及道義，有維護的責任與義務。

　　旅客於跨進旅館的那一刻起，維護旅客安全的
責任就屬於旅館的經營者，歐美施行民主法治，尊重
人權，已經是生活習慣，他們對身體的保護也格外講
究，假若因地滑跌倒，稍致傷害，一定會要求賠償，
動輒興訟。

　　本篇內容首先介紹旅館安全的定義、特質與範
疇，並說明旅館安全組織。

Chapter 1

旅館安全的定義、特質與範疇

不特定的人，在同一棟建築物內活動，而人數眾多者如醫院、學校、劇院、機關等，與旅館同樣具有人多的特性；若以不是特定的人，則只有醫院和劇院有相似之處。本章在說明旅館為維護建築物內安全，與其他建築物場所不同的特性，以及工作範疇。

第一節　旅館安全的定義

維護旅館內所有人員之生命、身體、財物不受危害、不生損失的工作，就是旅館安全工作。

安全工作維護的對象如下：

1.旅客。
2.餐飲顧客。
3.從業員工。

安全工作的目標是：

1.人的生命免受危害。
2.人的身體不受損害。
3.財物不遭任何意外的損失。

茲將上述對象及工作目標再分別詳述如下：

第一，旅館與旅客訂定契約租借客房暫時居住，維護其安全是契約行為，自應善盡責任與義務，全力予以維護。但因旅客租用客房，在不妨害其使用、且須充分維護其私密的情況下，確有不能完全照顧的情形，但也須善盡「告知」的責任和義務，例如以文字告知重要物品或貴重財物可以利用旅館提供的保險箱寄存等。

第二，顧客在旅館餐飲場所消費，不能因任何外在因素使其生命、

身體遭受危害，旅館有完全的責任，其理甚明，旅館須提供一個絕對安全的消費場所、充分的安全措施，以及善盡「告知」的義務。

第三，旅館從業人員與旅館經營主訂定勞資契約，履行勞動服務，其安全須受法律保障，故政府頒訂勞工安全法令，雇主有一定的法律責任；況且，從業人員應是經營者的資財，如因受傷害而喪失勞動力，雇主短缺人手，影響服務，必然增加損失。

第四，生命的危害與身體的損害，或因環境不良影響，或係硬體的缺失，或屬使用時的疏忽，皆屬旅館的責任，皆可藉此注意改善，使其不生損害。

第五，財物遭受意外損害，除非不可抗力的天然災害之外，皆可經隨時注意防範，使損害不致發生或減輕到最低程度。

第二節　旅館安全的特質

旅館與旅客，醫院與病患，劇院與觀眾的地位有非常懸殊的不同，旅客在旅館中受到不可置疑的尊重，在客房內享有最高的私密性，其交付金錢給旅館與病患交付金錢給醫院，或觀眾交付金錢給劇院的契約內容絕對不同，茲將旅館安全的特質一一敘述於下：

一、各色人種往來複雜

各色人種不僅膚色不同、服裝各異，且生活習慣也不同，就連身體的氣味也不一樣，性格當然也不同，有的舉止優雅是上等紳士，有的行為隨便得像流浪漢，有的更是流氓，但都是旅客，在旅館中享有絕對尊崇的地位。

二、短暫的居留，目的互異

　　雖也有常住的客人，但為數不多，且也有一定的期限，通常都是幾天或是僅有一天。居住的目的更是多元，有政治性的，如國家元首、政治領袖參加會議、接受國家邀請，或是政、商間諜掩護身分從事偵探活動，或經商、旅遊，甚或從事犯罪，也有專為自殺者。

三、犯罪誘因大

　　歐美人士旅行中慣用簽帳卡，東方人則喜歡攜帶現金，特別是女士常把珍貴的珠寶穿戴在身上，到人多的地方炫耀其財富；但又極其大意，譬如說，在享用自助餐時，會把皮包放在座位上，忙著去拿菜或打電話，絲毫不考慮「財不露白」的問題。

四、易為宵小覬覦，且易得手

　　如上述情況，旅客財物疏於注意，或散置床頭，或任意放置，或醉酒或召妓，皆易為宵小所乘，遂發展出專以旅館為下手對象的犯罪集團，如專以偷竊公車上乘客的「跑輪子」扒手，或專以偷竊銀行櫃台上財物的「跑檯子」扒手的犯罪模式。

五、酒色徵逐，神元虧損

　　旅館雖不是聲色場所，但有若干旅客在離家以後，似乎就如脫韁野馬似的，放浪形骸，徵酒逐色，曾有鄰近的某位國家元首之子，於居住期間，不僅夜夜春宵，甚而在中午也不放棄。有的心臟病突發，有的竟然虛脫致死。

六、居留短暫，不利偵查

　　旅客在發生財物損失後，雖經向警方報案請求偵查，但多無結果，皆因居留時間太短，或於報案後，取得遺失證明即離去，自然無法進一步偵察；且損失又以現金為多，尤不利偵察，或於發現財物被竊後，須立即離去，沒有時間追究，僅以口頭聲明。

七、裝潢工程多，外包商不斷

　　旅館客房每三年得更新裝潢或汰換設備，或換貼壁紙，或重新油漆，但又不能中斷營業，且為不影響營業，施工期不能太長，多採「局部施工，分期整修」原則，於是，長年都有工程在施工，此類工程多係外包，廠商多而雜，管理很不容易，不僅增加安全顧慮，館內的秩序也大受影響。

八、動火工程多

　　不僅有客房的裝修工程，還有廣告製作的工程。大型的工程有其規模，顧慮反而減低，小的廣告工程反而問題多，因廣告商為節省成本，多自行施工製作，用電、接線等又非專業，材料既不合規格，施作又不合標準，因而債事者，屢見不鮮。且旅館設備甚多，常有燒焊的工程，皆有動火的需要，影響更大。

九、消防器材散失

　　消防設備中只有手提滅火器依照法規要擺放在隨手取得的場所，規定每一百平方公尺擺放一具，如超過五十公尺，還須再擺放一具，放置在停車場的手提滅火器每有失落，是否被人順手牽羊帶上汽車，因從未發

現，當不敢斷言，故凡放置滅火器的牆壁上，都會標示「手提滅火器二具」的字樣，同時也在滅火器貼上擺放位置的標籤及編號。

十、火警誤報頻繁

消防設備中之消防栓，法令規定每二十五公尺設置一具。消防栓上設有「手動報警」，卻常遭人戲弄或者是誤觸，何以敢武斷地說是遭人「戲弄」？因為總是在「手動報警」處被人按下，啟動火警警鈴，也有可能是小孩好奇誤觸。只要警鈴鳴響，自衛消防隊就立即出動，驚師動眾倒還事小，就怕習以為常，不再重視警訊；除消防栓手動警報器會誤傳火警外，尚有熱感知器（差動式感知器）被照相閃光燈照射到因而啟動，煙感知器也會被抽菸的煙霧噴到而誤報火警。

十一、員工眾多，因疏忽而致傷害也多

旅館為員工眾多的行業，從事基層勞力服務者，如外場單位的服務員、廚房的廚師以及清潔人員，或常為熱水燙傷、割裂傷，及較嚴重的火燒傷等，因個人不謹慎而致的輕微傷害，除個人須付出代價外，也連帶增加旅館成本與社會成本，更甚者因而肇致死亡，則犧牲更大。

十二、安全以防患於未然為主

任何安全事故的發生，無論其輕重、大小，都會造成損害，小則是個人的損害，大則影響社會，甚至國家的利益；且已然發生的損害無法追回，故事先預防是安全工作的第一任務。

第三節　旅館安全的範疇

　　制定旅館安全防護計畫，防範任何安全事故發生，為確保旅館整體安全，尤其是旅客及員工生命、身體之安全，應依據工作計畫執行下列工作：

一、規劃安全責任區

　　將各項安全責任，按各單位的工作範圍劃定所歸屬的安全區，各負安全任務，各單位主管為該安全區域之責任主管，要求所屬員工執行安全任務，共同擔負責任。

(一)消防安全

　　依消防防護計畫實施責任區內消防設施之維護等。

(二)作業安全

　　依勞工安全管理規則辦理，防範職業災害。

(三)出入門禁

1.非單位員工無故逗留須予了解，防止意外。
2.色情女郎或媒介者不許逗留，防止色情氾濫。
3.本單位離職員工不得逗留，防範財物流失。
4.閒雜人等之徘徊應予禁止，以淨化環境。

二、員工安全訓練

　　為達成安全防護所需求的任務，亟須各級主管及全體員工懍於安

全工作之重要與認真執行的必要，擬訂完妥的教育訓練計畫，分梯次施行，實施時機如下：

(一)新進員工訓練

新進人員須了解旅館安全的必要性，沒有人願意受傷，更沒有人願意自己死亡，也不會願意別人受傷或死亡；在旅館裡員工人數眾多，還有很多客人，希望自己和客人都很安全，所以我們需要維護自己和客人的安全，因此規定了許多要做的事和一些不能做的事，要大家共同遵守，建立共同行為的規範。凡新進人員必須先完成訓練，建立共同的安全認知，才加入工作。

(二)定期訓練

依旅館各部門作業情況，擬訂各單位定期訓練的日期與時段。

(三)機會教育

利用各種集會，或各部門會議時間，適當地宣達有關安全要旨，例如各餐廳每天營業前的訓練時間，花十分鐘左右宣導防火、防竊要領，效果良好。

三、執行安全檢查

(一)定期安全檢查

每月最少一次，實施全面安全檢查，各營業場所、各辦公室、倉庫及抽查客房，凡不合安全檢查事項均列入紀錄，於每月安全會報中提報，要求改善。此項檢查工作須會同客務、房務、餐飲、財務單位派員參加，如係夜間，須請夜間經理會同，亦得組成檢查小組執行檢查，其目的在提高各單位安全意識，了解安全需要，並得發現缺失，期得改善，以達

萬全。

(二)重大節日或大型集會前全面或局部安全檢查

會同相關單位或局部單位人員實施，期保節日或集會的安全，並藉以提高安全警覺。

(三)每天安全檢查

各廚房、各營業單位、各辦公場所，應於每天打烊後或下班前，自行檢點，如關燈、關瓦斯，拔下非必要的電插頭、關鎖門窗等，將自行檢點表交由值勤人員簽名後，送至警衛室，並請當日值勤安全人員複檢，夜間經理抽檢。

四、執行警衛勤務

(一)規劃重點守望勤務

須全天候守望或重點時段守望。

(二)全面巡邏或區域巡守

1.規劃全館巡邏路線。
2.局部重點地區巡邏路線。
3.重點時段加強巡守。
4.機動調整巡守重點。

以上所列安全工作範疇為較具體的項目，其他平日須經常執行之工作，將於下章〈旅館安全組織〉中詳為列舉。

Chapter *12*

旅館安全組織

　　欲維護整體安全，須建立共同的認知，共同遵守行為規範是群策群力的事，而非某些人或僅是安全單位所能獨立達成。本章所稱之安全組織，是從最上至最下，為執行安全工作而形成的組織，不是安全室的編制。安全室在安全組織裡所扮演的是協調和建議的角色，就安全室專職的責任而言，應以精簡的結構，遂行任務，編制內的每一個職務，為發揮其功能，都須具有必要的條件，此皆為本章所要討論者。

　　安全組織的最高權力機關為安全委員會，採委員制，除安全室擔任祕書作業兼任委員外，其他各單位一級主管及各單位所屬人員中，因職務關係均擔任委員；另於基層單位，或因係消防重點單位，或因意外事故頻繁，設任務編組，為安全委員會之基層組織；此外，為推動全面執行安全工作，並就各單位工作範圍劃定安全責任區（安全組織系統圖見**圖2-1**）。

　　茲將安全組織之功能與任務詳述於後。

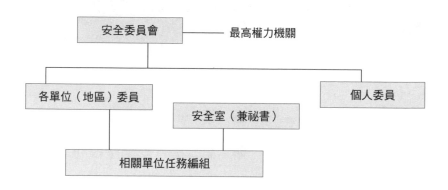

圖2-1　安全組織系統圖

第一節 安全委員會

一、安全委員會組織

主任委員：由董事長擔任。

副主任委員：由總經理擔任。

委員：

1.副總經理。

2.各協理。

3.一級單位主管。

4.各單位與安全工作直接相關人員，如勞工安全主管、勞工安全管理
師等（安全委員會組織系統圖見**圖2-2**）。

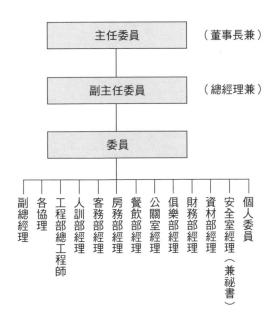

圖2-2 安全委員會組織系統圖

每月召開安全委員會議一次，因特殊情況得召開臨時會議，各委員均須親自出席，不得指定代理人出席；各委員如認有必要，得偕同該單位所屬人員列席報告，由祕書單位——安全室，製作紀錄，每月送達各單位，會議紀錄羅列主席指示事項及決議事項，皆屬執行事項，相關單位之執行情形，於下次會議中提出報告。

二、安全委員會功能

　　1.使各單位均能了解館內安全狀況。

　　2.領悟安全重要性。

　　3.提振安全警覺。

　　4.協調、討論安全工作之執行。

　　5.檢討缺失。

　　6.重大違失事件及重大功績事件獎懲之擬議。

三、安全委員會會議程序

(一)報告事項

　　1.安全室工作報告：

　　　(1)前一個月安全狀況。

　　　(2)火警、誤報、誤動作：檢討原因。

　　　(3)員工作業安全狀況：公傷人數。

　　　(4)本次會議檢討事項。

　　　(5)建議事項。

　　2.工程部報告：

　　　(1)火警誤報原因分析。

　　　(2)各項設備檢點狀況。

(3)建議事項。
　3.人訓部報告：
　　(1)當月員工人數。
　　(2)新進員工訓練情形。
　　(3)當月因公受傷員工人數、分析。
　　(4)當月因安全事故受獎懲人數、件數、分析。
　4.各單位主管報告：
　　(1)協調事項。
　　(2)建議事項。
　　(3)上月應執行或應改善情形報告。
　5.相關委員報告：如勞安工作執行報告。

(二)檢討事項

相關單位或責任區對當月安全工作缺失提出檢討，如下述事項：

　1.門禁執行情形。
　2.警衛勤務優劣檢討。
　3.消防工作執行情形。
　4.員工安全衛生執行情形。

(三)討論事項

　1.提案討論。
　2.建議或檢討事項。

(四)主席指示事項

　1.主任委員：會議主席裁示事項。
　2.主任委員指示事項。

旅館安全管理

18

第二節　安全室編制、職責與任用條件

安全室在安全委員會主任委員（董事長）、副主任委員（總經理）指揮之下，擬訂以預防為主的安全防護計畫，協調各責任單位共同執行安全防護工作，防止任何危害旅客、員工生命、身體、財物之事故發生，並負責處理有關危害之事故，以減輕損害之程度，其編制、人員、職掌，以及各項職務所需的任用條件，分述於後。

一、編制

設經理一人、副理一人、助理一人、課長二人、防火管理員一人、領班四人、安全員若干人及監控員若干人。

二、各級職務之職責與任用條件

(一)經理

■職責

1. 秉承董事會、總經理之命，暨安全委員會之決議，策訂安全工作方針，擬訂具體措施，確保旅客及員工之安全。
2. 定期或不定期執行安全檢查，消除任何環境中的危害因素，協助各單位制定相關的安全措施，並經常進行督導、了解，期使制度化。
3. 協調各單位主管對所屬員工紀律之要求與教育。
4. 營業單位出租場地舉辦大型活動，協助完成安全措施及安排諸般安全勤務措施。
5. 旅館各單位舉辦各類員工活動，協助完成安全措施。
6. 了解旅館重點營業單位之作業環境，協助其達成安全任務。

7.颱風、地震等天然災害，事前之預防、事後之處理，預為籌謀，減輕損害。

8.重大意外事故及各類刑事案件發生後之全責處理。

9.治安、警察機關之協調聯繫。

■任用條件

1.對職責忠實，待人以誠。

2.略具法律知識。

3.以具有刑事偵防常識為佳。

4.全面了解旅館管理的成規與習慣。

5.具有消防工作知識。

6.具有內外協調能力。

(二)副理

■職責

1.協助經理執行安全防護任務，落實各項安全管理制度，適時進行了解各項制度貫徹實施情況，分析各種問題存在的原因，並提出改進意見。

2.督導檢查自衛消防隊的訓練工作，提高消防警覺，培植自救能力，貫徹執行任務。

3.協助安全經理督導內部業、勤務之執行。

4.督導警衛勤務，貫徹執行安檢工作。

5.協助處理內部文書。

■任用條件

1.忠於職責，誠以待人。

2.熟悉本單位的管理制度、工作內容和工作程序。

3.了解旅館重點單位的作業及工作流程。

4.略具法律常識。

5.具有豐富的旅館安全工作經驗,善於處理安全事故。

(三)助理

■職責

1.安全室檔案文書業務。

2.內部的工作聯繫。

3.文書、電訊的傳遞。

4.安全室各項工作紀錄。

■任用條件

1.女性,高中以上程度。

2.諳電腦操作、英語會話。

3.文詞通暢,文字清晰。

(四)防護課長

■職責

1.熟悉安全室以預防為主的安全任務。

2.擬訂安全防護計畫,並根據需要適時修訂符合當前環境的一切安全措施。

3.督導警衛勤務執行安全防護工作。

4.督導監控人員落實監控任務。

5.安全室預算與決算之編擬。

6.主管監控室業、勤務。

■任用條件

　　1.熟悉旅館作業制度及習慣。

　　2.具有能夠溝通的英語能力。

　　3.了解監控工具之設備。

　　4.具有法律及一般法規的知識。

(五)警衛課長

■職責

　　1.主管安全警衛業、勤務。

　　2.負責督導勤務之執行。

　　3.擬訂勤務計畫、勤務基準及每日值勤表。

　　4.訓練安全警衛人員執勤能力。

　　5.考核安全警衛人員執勤之勤惰。

　　6.適時調整警衛勤務執行措施，以達成預防為主的防護計畫。

■任用條件

　　1.具有法律及相關行政法規的常識。

　　2.了解旅館的重點場所及旅客活動習慣。

　　3.具有協調溝通能力。

　　4.具有處理非常事故的經驗。

　　5.熟悉旅館內部環境。

　　6.具有查察旅館內部可能隱藏的憂患，適時預為防範。

(六)防火管理員

■職責

　　1.擬訂消防防護工作計畫。

2.熟悉旅館的地形、地物。

3.館內受信總機所分布的每一地區,都需要瞭如指掌。

4.旅館內易生火災或潛藏有火災之虞的場所與事端,須完全了解,注意查察。

5.督促館內各單位注意防範易滋生火警危險的事與物。

6.督導安全室人員於執行勤務中注意防範火災。

7.落實安全檢查工作。

8.防火宣導。

9.督導訓練自衛消防組織的相關人員。

10.協調消防設備的管理與檢查。

■ 任用條件

1.具有消防技術人員國家執照。

2.男性,年齡在二十五歲至五十歲。

3.具有法律常識。

4.具文字與語言的溝通能力。

5.具執行消防任務的執著精神。

(七)警衛領班

■ 職責

1.督導所屬安全警衛人員執行守望、巡邏、安檢等各項勤務,務求落實。

2.協調中央監控室注意發掘任何潛滋暗長的安全隱患,適時妥善處理,消滅事故於無形。

3.輪流帶班執勤,並須了解旅館作業制度及一般習慣。

4.掌握旅客活動的一般情況,如晨間、午間、夜晚等每一時段可能發生的狀況,妥適地安排勤務,或提出意見。

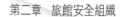

5.監督勤務執行，特別注意大廳往來客人中的異常行為或危險狀況。

6.於人群集中場所，注意發現可疑的人、事、物。

7.深入各單位基層建立工作關係，期能從底層及更廣面獲知潛存的不法。

8.監督巡邏勤務，注意發現不平常的事故，及預先獲知不平常的氣味、煙霧或火警。

9.擔任自衛消防隊隊長，督率自衛消防隊人員執行滅火任務。

10.擔任火場指揮，負責與火警通訊組聯絡任務，隨時將火警現場狀況向火警通訊組報告。

■任用條件

1.男性，年齡在三十五歲至六十歲，身高一百六十七公分以上，體重五十五公斤至七十八公斤。

2.體格強健，能耐勞苦，面貌端莊。

3.具法律常識。

4.具語言表達、溝通能力。

5.曾經接受憲兵或警察養成教育，高中以上。

(八)中央監控室領班

■職責

1.帶班執行中央監控室勤務。

2.擬編監控室值勤基準表及當日值勤表。

3.督導考核所屬勤惰。

4.處理監控室業務。

5.整理及運用監控資料。

6.聯絡相關單位及提供緊急狀況。

7.及時協助有關單位及人員處理緊急狀況。

■ 任用條件

1. 女性，年齡二十五歲至四十歲，身高一百五十公分以上，體重四十五公斤至五十五公斤，視力佳。

2. 高中以上學校畢業。

3. 具電子知能者最佳。

4. 具統御領導能力。

(九)安全員

■ 職責

1. 全天候二十四小時分三班輪流執行守望、巡邏、安檢勤務，及因需要執行其他特別勤務。

2. 接受上級指揮，擔任自衛消防隊執行滅火任務。

3. 遇有外來侵襲時排除危害。

4. 具有了解潛存危機的警覺，適時排除危機於無形。

5. 完成上級交付之使命。

■ 任用條件

1. 男性，年齡二十五歲至五十五歲，身高一百六十七公分以上，體重五十五公斤至八十公斤。

2. 體格強壯，形貌端正。

3. 能耐勞苦，具應變能力。

4. 高中以上學校畢業，服完兵役。

5. 具憲兵或警察教育養成者最佳。

6. 具語言表達、溝通能力。

7. 品行端正，無刑事犯罪前科。

(十)監控員

■ 職責

1.二十四小時輪流執行監控室勤務。

2.協助安全警衛勤務。

3.運用監控器材，監控異常狀況，並追蹤。

4.適時將掌握之狀況通報或傳遞給警衛室，或須及時處理之人員。

5.主動、積極的發現異常狀況，予以掌握監控。

■ 任用條件

1.女性，年齡二十五歲至三十五歲，身高一百五十公分以上，體重四十五公斤至五十五公斤，視力佳。

2.高中以上學校畢業。

3.能耐勞苦，具應變能力，有進取精神。

4.具語言表達與溝通能力。

5.品行端正，無刑事犯罪前科。

 第三節　防護組

為任務編組，非正式編制。於火災危險性高及易生竊盜案件的場所，就各該責管單位人員，設立防護組，加強訓練其認識危險，並培植充分能力消除危險，依其性質分別賦予消防或防竊任務。

一、設立防護組之單位及其危險因素

(一)各廚房

為消防顧慮最大之高危險場所,除須注意防範火災外,並須培養滅火能力。

(二)各餐廳

易生竊案,時有客人遭受竊賊侵襲,須特別注意防竊,且有火災事故之危險,防護組有消防及防竊之雙重任務。

(三)宴會廳

是多功能場所,既須防竊又須防火。

(四)洗衣房

是消防的高危險場所,其場所內皆放置易燃物,且溫度高,須特別注意通風散熱,並須培養滅火能力。

(五)房務部

客房樓層分別按樓層編組,為維護旅客生命、財產安全,擔負防火與防竊的雙重任務。

(六)客務部

以行李員為編組對象,賦予協助消防、救護及防竊任務。

(七)俱樂部

以三溫暖場內員工為編組對象,賦予消防任務。

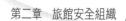

(八)咖啡廳

須以防竊為主，因經營自助餐，客人須起立後遠離座位之特性，常為竊賊乘機竊走財物，且因客人流動性大，須格外注意防竊。

二、防護組組織及作業

1.由該單位主管負責編組，設組長一人，由領班擔任，組員二至三人，由資深人員擔任。
2.編組人員名單送交安全室，接受安全室訓練與指導。
3.各組長須排定每日值勤表，涵蓋單位全部工作人員，於該單位主管核定後，送安全室備查。
4.自行訂定每天值日時間表。
5.製作值日牌，懸掛該單位較明顯處。
6.落實安全檢點工作。
7.不容許逃生通道被雜物堵塞。
8.注意防範火災發生。
9.餐廳內加強防竊。
10.咖啡廳、酒吧、夜總會、宴會廳須注意閒雜人等逗留。
11.與安全人員保持密切聯繫。
12.發現可疑狀況（包括人、事、物）立刻通報安全人員。

三、防護組訓練

防護組訓練須妥為安排，因係任務編組，其本位工作繁重，安排訓練須不影響其本位工作，且不占用成員休閒時間，每次訓練以不超過二十分鐘為宜，故須選定主題與適當場所。

宜採各組分別實施，因各組之環境不同，工作性質互異。每季或每年集中施訓一次，可採聯誼方式進行。

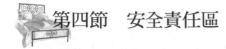第四節　安全責任區

　　旅館的整體安全，有賴每個單位、每一成員的關心及注意維護才能達成，為期每一單位均能明白本身安全責任範圍及應負責任，有必要以平面圖說，清楚明白的區隔出責任範圍，俾能有所遵循。

一、責任區規劃原則

1. 以部、室、組、餐廳、廚房為單位；每一基層單位為一個單元，其主管為每一單位負責人，其隸屬之上級單位為當然連帶負責人。單位主管為負責區域之代表人，單位之每一成員均應共同負責。
2. 鄰近相互重疊之區域，由相鄰單位共同負責，如發生安全事故，須追究責任時，按事故發生之狀況，分別「輕」、「重」，科以應負之責任。
3. 公共廁所由清潔組負責，鄰近單位為連帶責任，如大廳廁所，除由清潔組負責外，客務部須負連帶責任。
4. 客用電梯由客務部負責，員工電梯由餐飲部器皿組負責。

二、責任事項

(一)消防安全

　　責任區內消防器材之保管維護（消防栓及其配備、手提滅火器、感知器等），以及消防管理之執行，如安全門常保關閉、逃生門內、防火區鐵捲門下、閉鎖門前、消防栓前不可放置物品等。

(二)作業安全

　　各責任單位負責人須嚴格要求所屬員工遵守工作守則，避免職工身體、生命於工作中遭受危害。

(三)避免外來憂患

　　對下列人等之行蹤須密切注意，如有發現或認為可疑時，隨時通知安全室會同處理。

　　1.非本單位員工逗留不去者。

　　2.色情女郎及媒介者。

　　3.本單位離職員工。

　　4.其他閒雜人等。

(四)公有財產維護

　　責任區內公有財產安全，應善盡維護之責，按下列原則辦理：

■第一級保養

　　凡不須特殊工具與技術性之基本整潔、保養、維護工作，均由責任區隨時自行執行。

■第二級保養

　　須具有專門技術及工具者，由工程部負責。

■第三級保養

　　為徹底翻修，且須特殊技術及工具、儀器者，應專案申請核准，由外包商修理。

(五)衛生整潔維護

　　1.嚴禁吸菸，各級主管人員發現時當場糾正。

2.菸蒂、紙屑、果皮、空罐等隨時撿拾。

3.發覺臭味，應追蹤來源根除。

4.如有瓦斯外洩，立即管制煙火，通知工程部及安全室。

5.發現老鼠、蚊蠅、蟑螂予以撲滅，並通知器皿組。

6.家具、銅器、水晶燈飾、玻璃鏡片、裝飾品屬責任區內者，自行擦拭，保持亮潔。

7.除地面由清潔組處理外，其他桌椅、牆壁之灰塵、污垢均自行擦拭，垃圾隨時予以清除。

三、安全檢查

1.每天由責任區值日人員自行檢查，檢點表送安全室備查。

2.每月由安全室召集之檢查組全面檢查，詳細記錄於安全委員會提報。

3.每年由總經理召集之檢查組全面徹底檢查，公布評定成績。

責任區之各單位，因工作性質不同，約可劃分為前場與後場。凡對外營業單位皆係前場（或稱外場），非營業單位，係從事管理工作之單位稱為後場（又稱內場）。有關安全管理事項，因工作性質不同，安全管理的事項互異，於下篇中將分前、後場加以論述。

Part

2

前場安全管理

　　所謂前場，是指直接服務客人的單位，如客務部、房務部、餐飲部，與旅客的安全關係密切，全體工作人員均須明瞭安全任務何在，認真執行管理，始能達成安全任務，確保旅客生命、身體、財物之安全。稍有疏虞，輕則造成旅客不便，重則有生命、身體、財物之失。發生安全事故時，若能迅速而機智地處理，使損害減至最輕，亦屬重要，茲分別論述於後。

Chapter 3

客務部安全管理

　　客務部接待旅客，諸如訂房、櫃台服務、行李服務、電話服務、交通服務等，均為直接服務旅客，安全管理尤為重要，除所屬員工素質、操守須注意管理外，尚有客房鑰匙管理、保險櫃管理、旅客行李的認識、櫃台安全管理、大廳安全管理等，均分別於下詳加論述。

第一節　客務部所屬員工及客房鑰匙等的管理

　　客務部所屬單位，都是直接接觸旅客，訂房及電話總機雖有時未面對旅客，但與旅客的語言接觸，居關鍵地位；而客房鑰匙的管理與旅客安全的關係尤其重要。在討論其他相關安全事項前，先就員工的管理與鑰匙的管理、保險櫃的管理，以及旅客行李的認識等先予以研討。

一、所屬員工的管理

　　客務部為接待旅客服務的第一線，旅客對旅館的觀感，直接來自於員工的表現，從容、大方、和藹、言辭清晰、誠懇的表現，使旅客感覺到舒暢，立刻忘記旅途的疲勞、焦慮，更能體會到這家旅館的價值。

　　部分員工接觸旅客財物的機會較大，操守的良窳至關重要，從事相關事務的員工。在任用前須有相當的了解，工作中更要加強督導，認真考核。

二、客房鑰匙的管理

　　客房鑰匙分為傳統的機械鎖和電子鎖兩大類，管理的方式各不相同，分別論述於下：

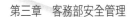

(一)機械鎖

1. 指定幹部或資深櫃台員一人專責管理。
2. 每天最少兩次清點鑰匙，一次在上午十時前後，一次在下午四時前後，皆須做成紀錄。
3. 要求客、房兩部人員不得在樓層服務台存放鑰匙；行李員須將旅客交付之鑰匙立即繳交櫃台，不許自行存放。
4. 如發現鑰匙短缺，須立即查明原因。
5. 旅客自館外歸來，向櫃台索取房間鑰匙，務必查對旅客身分，並要求出示房卡。
6. 如同一房間鑰匙有兩次以上遺失情形，須立即更換鎖芯。
7. 不得擅自複製鑰匙，須專案簽呈經主管核准，並送安全室後始得複製鑰匙。
8. 工程部僱用專業鎖匠，專案管理客房鑰匙。

(二)電子鎖

電子鎖較機械鎖安全性高，在發生異常或滋生問題時有資料可查，但若管理不善，同樣易生事端。故每一環節皆須專人管理，相互制衡，才能減少事故之發生。

1. 製作一次使用卡者，須指定資深人員辦理，不容許任何人都可以製卡。
2. 每日檢查異常情形，並定期送安全室查核，發生異常須配合追查原因。
3. 指定資深幹部一人專責管理電腦資料，將電腦資料視作機密。
4. 旅客聲明卡片遺失要求補發，除聲明須加價購買外，尚須更換密碼。

電腦卡片鎖

資料來源：郭春敏（2010），《房務作業管理》（第二版）。台北：揚智文化。

三、保險櫃的管理

保險櫃是為方便旅客寄存財物而設，有裝設在客房內的保險箱和設在櫃台附近的保險櫃。設在客房內的保險箱，由旅客自行設定密碼保管，非本節論述範圍，僅就設在櫃台附近的保險櫃管理加以討論。

第一，保險櫃的使用是依照銀行保險櫃的使用方法，由租用保險櫃的旅客自行保管鑰匙，如何登記以及簽名等自有一定的規則標準。此處所討論的是如何防止弊端，勿因人謀不臧而發生監守自盜，影響旅館的聲譽。

保險櫃的設置雖屬客務部的工作範圍，人員的監督責任卻歸屬在財務部門，兩者除須協調如何監督管理外，尚須注意以下數點：

1.工作人員就職前須先透過安全室的身家調查，不得先用後查。
2.培養優良的工作態度，對旅客寄存的物件不應好奇，避免有偷窺的舉動。

3.如認為人員有安全上的顧慮，應即刻調整。

4.核對旅客筆跡必須認真，不容草率。

　　第二，保險櫃滋生糾紛的案例不多，處理上卻很不容易。最切要的是旅客租用手續一定要完備，還須另設登記簿，記錄租用日期時間，以及提領物件時間，並促其於登記簿上簽名。若管理完備，保險櫃亦未遭破壞，仍遇到旅客抱怨損失索賠時應嚴正拒絕。

 個案研究

保險箱事件

　　發生在某家五星級旅館的真實故事。

　　事情發生在一對五十多歲韓國籍的夫婦身上，應該是上流社會人士。兩人來台參加國際性的社團集會，下午二時由旅行社導遊人員陪同進住，自稱是於下午三時由太太本人至大廳保險櫃租用保險箱，把美金百元現鈔一疊及一串鑽石項鍊都寄存在保險箱，但於下午五時許，先在客房內更換服裝、化粧後，去保險櫃拿出保險箱，赫然不見那串鑽石項鍊，馬上找來了當地導遊相偕與旅館安全主管理論。

　　保險櫃為旅客寄存重要財物的地方，二十四小時全天候錄影，攝影鏡頭對著櫃台，任何細微的動作，都會留在鏡頭裡。為了證實她所說的儲放過程，乃調出錄影帶：影像中看見她提著一個旅行袋放在櫃台上，拉開拉鍊，取出一疊鈔票，妥放在保險箱裡，再從袋子裡取出一只小布袋，並從小布袋裡拿出一堆衛生紙包著的東西，攤開來是細細長長的，看得非常清楚，那應該是一條項鍊。接著就看見她再把一團衛生紙一樣的東西，用右手團起來後放回小布袋，收到行李袋中，卻無法看到將項鍊放到保險箱的動作。最後將該保險箱隔著窗戶欄杆

交給裡面的女性工作人員，女性工作人員將保險箱用雙手托著放進保
險櫃。

　　觀看錄影帶後，咸認雙方在認知上可能產生很大的落差，為免
節外生枝，當下即決定拷貝錄影帶，一卷交給該韓籍夫婦。雙方進行
談判時，對方導遊代為表達，他們是有身分的人，不想把事情擴大，
該項鍊價值約新台幣六十萬元，只要旅館有誠意賠償，能賠多少都可
以答應，也免得影響旅館的聲譽。這件事從表面上看來只要出價就能
解決，但考慮到這不只是賠償的問題：保險箱的鑰匙是交給當事人自
己保管，工作人員只有一只總鑰匙，沒有當事人的鑰匙是不可能開啟
的；也就是說，客人放在保險箱的任何物件，若不是她本人提領，任
何人都不可能拿到的。即使當事人的鑰匙遺失，被人拾得冒充前來，
也不可能拿到，因為還需要核對證件以及簽字，有層層的保護。假若
承認放在保險箱的物件可任由第三者拿走，或者被竊的話，會造成很
嚴重的問題，所以不敢承諾賠償。但為了避免爭執，並沒有說明在錄
影帶裡未看見有將該條項鍊放進保險箱的動作，只聲明須交由警察機
構偵查，如確屬旅館的責任，賠償全部也是應該。但遭對方拒絕，聲
稱沒有時間，也不想張揚。經堅持報警處理得其同意後，請警方派員
前來勘查保險櫃一切設施，並說明如果保險櫃未遭外力破壞，就不可
能發生失竊，然後才共同研究錄影帶，請警方人員仔細察看在錄影帶
裡確實有一條細細長長的東西，但是否確實放進保險箱不得而知，之
後將錄影帶交由警方保管，警方在訊問過雙方製作筆錄後，也未做處
理，最後全案移送法院。檢察官曾以證人身分傳訊旅館安全主管，經
說明發生經過後，即未再做進一步處理，當事人（韓國人）曾委託該
旅行社人員繼續要求賠償，並透過國際獅子會居中協調，旅館始終嚴
正以對，也就不了了之了。

分析

　　本案在安全主管謹慎的處理下，雖未能完全解決，但堅持立場、不承諾賠償。因為站在法律的立場，若承諾賠償，不論賠償多寡，就等於承認確有在保險箱存放鑽石項鍊的事實，而實際上從錄影帶是看不出來的，至少無法明顯地看出有儲放的情形。如果確實有儲放進去，卻遺失了，就證明管理上出了問題，可能保險箱有被破壞或管理人員監守自盜，其他則絕無可能；而保險箱既未遭破壞，管理亦無疏失，就不可能遺失。但旅客堅持在錄影帶裡清楚地看見確有項鍊，旅館人員不便與旅客爭辯，所以要求報警處理，最後並移送法院。

思考方向與訓練

　　第一，設備完善的重要性。保險櫃密靠牆壁，安全無虞；櫃台寬度、高度適宜，尤其櫃台閉路電視全天候二十四小時攝影，光線充足，畫面清晰，雖客人一再堅持，警察機關、法院、觀光局，還有外交部，均不能科責旅館的任何責任。

　　第二，面對旅客的旅館從業人員，尤其是安全人員，均須具備法律常識，在面對事故時，需要冷靜處理。例如本案在與該韓籍客人共同觀看錄影帶時，看見有項鍊的影子時，立刻驚呼，很快就表明了態度，卻未仔細觀察並沒有將項鍊放入保險箱的動作，以致貽人口實。

四、旅客行李的認識

　　旅客行李凡交由行李員運送者，大多是衣物、用具之類，貴重物品皆是隨身攜帶；交由行李員運送極少有遺失或遭竊者，只有誤送之失，而隨身攜帶之手提箱、袋，卻常有遭竊或遺失情形，不在本節討論範圍內。本節所討論者，是基於國家社會的安全需要，如何認識旅客行李的異常狀況，如下述：

(一)行李過長

如前所述,凡交行李員運送之行李多為衣物或用具,鮮少太長的行李,如係高爾夫球具,應當有專用之長袋,易於識別。過長的行李顯屬異常,須特予留意察知其用途。

(二)行李過重

一般衣物自有一定的重量,過重的行李自然不是一般衣物,大量的文具紙張、圖書印刷或金屬物品,均不是一般旅客所應有,皆有可疑之處。如有行李運送巨型紙箱,包裝粗糙,重量超常,如能適時通報安全單位,不僅能使旅客獲得更周全的保護,也能保障旅館本身的安全,甚至促進國家社會的安全。凡旅館從業人員,尤其是客務部、房務部的工作人員,切勿輕視自己的角色,旅館和國家社會,就會因你的參與而獲得安全。

 個案研究

洗錢案

治安機關在某家觀光飯店的協助下破獲巨大洗錢案。

來自香港的犯罪集團將犯罪所得數億元港幣贓款,自香港匯到台北市某銀行,然後從該銀行領出新台幣,此所謂「洗錢」,將贓款變成來源合法的現金,自認為天衣無縫,安全無虞,誰知已為我治安機關偵悉,先驅來台之首要分子亦早為治安人員所掌握,並獲悉渠等準備利用五星級旅館從事活動。當其進住旅館之際,已準備收網捕人,唯萬事俱備,就缺東風,對渠等如何處理鉅款,尚不能確實掌握。該等不法分子人數甚多,一面進住旅館,一面提領鉅款,住同一

旅館，不在同一樓層，但百密難免一疏，渠等將鉅額新台幣用五個紙箱盛裝，並以中型旅行車運至旅館大門，就不能不讓旅館行李員為其服務。當行李員二人用推車經過大廳進入電梯後，充分感到懷疑，既不像貨物，也不是行李，而且重量超常，且由於提領鉅款，裝箱作業時間不夠充裕，匆忙之間包紮得不甚嚴密，為行李員悄悄拉開紙箱一角，發現全是現鈔，雖然無法明瞭是犯罪所得的鉅額贓款，卻也不是平常事，便立刻把情形告知安全室主管。行李員既興奮又驚訝地說：「從來也沒有看到過那麼多的錢，一捆捆都是千元或五百元大鈔，全數送進了某號房間，房內有三位年輕的客人，都講廣東話，像是來自香港。」

　　安全經理也是興奮不已，一面感謝行李員的忠誠，一面也叮囑他們保密，因為偵辦案件的治安人員一直都與他保持聯繫，而且就散布在旅館大廳及各樓層，嚴密監視著歹徒的行動。當獲悉此一消息後，都是一陣喜悅，隨即向法院申請搜索票及拘票，進一步行動於焉開始。最終拘捕一干人犯七人，連同現款（贓物）一齊到手，對旅館的配合，尤其是行李員的機警、忠誠感激不已。

分析

　　由於交通工具的發達，使國際間的距離愈來愈短，飄洋過海比翻山越嶺要容易得多，社會犯罪的問題已不再局限於一個地方，而是國際性的。旅館則提供了犯罪集團居住、飲食的方便，更給了他們活動的場所，如情報的交換、人員的會晤、貨物（毒品）的交接等等，都利用旅館祕密進行，假若旅館不能提高警覺，讓犯罪活動在旅館猖獗，旅館的聲譽自必受到影響，旅館的價值也確會受到懷疑。在旅館裡接觸旅客最多也最了解旅客者，當屬客房服務人員，其次是客務部的行李員。以本案為例，歹徒在計畫將鉅款攜入旅館時，就可能沒有考慮到因行李員察覺而「穿幫」。

　　不容許歹徒假借旅館從事不法活動，是旅館從業人員的職業道德，雖不鼓勵探聽他人隱私，但對有具體可疑情事者，不能姑息。打擊不法，是在保護個人、團體、社會、國家的利益。加強訓練認識犯罪和與安全單位保持密切聯繫是應該探討的課題。

第二節　櫃台安全管理

　　旅館的櫃台是招牌，裝飾上要顯出既尊貴又嚴肅，還要是親切、愉快的，在櫃台的後面，俊男美女一字排開，更代表了這家旅館的品味。櫃台的功能極其多元，可謂旅館的樞紐，也是觸鬚。茲將與安全相關事項分述於後。

一、旅客登記資料保密

　　旅客登記之姓名、年齡、國籍、居住所等資料，須確實保密，除（依法律規定）須送警察機關外，不得向任何機關或人員洩漏，蓋因關係旅客權益至為重大，千萬輕忽不得，此乃旅館的重要責任。

　　旅客資料保密責任不僅是客務部而已，因資料已輸入電腦，有關單位皆可經由電腦查知，故須特別加以說明。

旅館櫃台

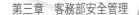

個案研究

自殺糾紛

　　這是台北市某知名五星級飯店發生的事，因不便透露房客姓名而致誤會，但終獲司法澄清。

　　曾有一位檢察官之妻在旅館闢室自殺身亡，其生前曾對子女聲稱，如果自殺，會選擇在五星級旅館內。該女士在服用安眠藥之前，先以電話向子女告別，其女乃毫不考慮地向市內各家五星級旅館打聽，就因為不知道旅館對旅客姓名資料有保密的習慣，如果不說明原委，是不會輕易將旅客的姓名和居住房號告知他人。該女未說明為什麼要打聽某人的下落，僅止探詢有無某某女性投宿該旅館，所以不得要領。該女性房客於打完告別電話後，用啤酒送服安眠藥，先將遺書放在書桌上，接著在浴盆中放熱水，服裝整齊地躺在浴盆裡。因以啤

酒送服安眠藥，又將身體浸在熱水中，藥力發散更快，直到發現時，浴盆的水還是熱的。按其遺書內的電話，通知其丈夫與兒女到場，並報由警方轉請管轄法院檢察署檢察官、法醫范場勘驗。其女哭著向檢察官控訴旅館有疏忽致人於死的責任，因她曾經打電話向這家旅館查詢，旅館人員竟說無此人居住，假若能查一查，就可能挽救其母。當檢察官詢問她是否曾說明為什麼要查詢某人的原因時，她也坦承僅報姓名，未說原因，檢察官即依據旅館對房客資料保密的義務，而予旅館不起訴處分。

分析

旅客有不被干擾、要求安寧與安全的權利，旅館有責任維護其安寧，更是義務。常見旅客抱怨旅館未盡維護之責，有人未獲其許可，逕自按門鈴前往訪問等。然而在實務上卻有困難，眼看著有人按門鈴，但無法確知是否曾獲其允可，除非在其門把上掛著「請勿打擾」字樣，但電話過濾是能做到的事。本案因當事人不明旅館管理的常規，在探詢其母消息時未能說明原因，失卻了挽救性命的機會，自不能歸咎旅館，其理已明。

思考方向與訓練

「救人一命，勝造七級浮屠」，如確知是挽救生命之緊急事件，應該確確實實說明其居住的房號，並盡力予以協助，做緊急處分，不能讓人認為旅館的從業人員盡是如此冷漠。本事件所造成的誤會，應該是死者之女年輕缺乏社會經驗所致，假若是其父（為現職檢察官）親自電話查詢，可能就是另一種結果。從事旅館工作的人員，能從許多故事中獲致人生經驗，也能領悟人際關係的重要。

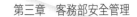
二、旅客登記的正確性與完整性

無論是團體或個別旅客均須到櫃台登記，其登記之姓名、年籍等資料，務求正確、完整，不得有差錯。因為關係重大，不僅是旅客本身的權益，也是安全所必需，應特別注意下列事項：

1.向旅客索取護照或國民身分證，核對登記資料是否正確。
2.本國人登記的住址及聯絡電話等資料，核對是否漏填或不正確。
3.外國人護照有無入境查驗章。
4.護照或身分證上照片與本人差距是否太遠，應留心觀察。

三、詢問旅客或託交物品者之應對

每有至櫃台詢問旅客房號或查詢旅客是否外出，或確係前來拜訪之親友，然多是貿易商之業務人員，不得隨意透露旅客房號或行蹤，旅客被不相干人士打擾，是為大忌。凡不知旅客房號者，要立即拒絕，亦不可代為查詢旅客是否在房間，無故打擾旅客安寧，皆屬禁忌。

託交物品者，如是包裹，應拒絕代送；無論任何物品，託送人必須寫明旅客房號及姓名與致送者姓名，始允代送。

四、未先訂房逕至櫃台登記之客人

所謂「walk in」之旅客須判斷其安全性，如認有可疑，以不接納為宜。

凡單身婦女未攜帶行李，形容鬱卒，或登記住址是旅館附近街道者，皆有安全顧慮。假旅館房間自殺之婦女亦時有所聞，雖全非旅館責任，終究不是好事，應儘可能避免。

五、安全事故的通報程序

　　如非事態緊急，應先向安全室主管通報，由安全主管視情況需要，命令安全人員協助處理；但若情況緊急，可就近直接向安全人員通報，安全人員則利用內線通訊電話向主管報告或請求支援。安全值勤人員與客務部人員亦當培養良好默契，當遇特殊緊急事故時可直接聯絡，隨時協助處理。

個案研究

阻卻強暴

　　某家五星級旅館因櫃台服務人員的警覺性高，阻卻一件強暴案件。

　　某日，三十多歲男子至櫃台要單人房間，櫃台服務人員囑其登記姓名、住址、電話等資料，並索國民身分證，一一核對無訛。待其交付客房租金、將客房鑰匙交給客人後，再看登記資料始警覺到，其住家離旅館僅十分鐘路程，既未攜帶行李，又是單身一人，有可能是禍事一件，但已收了租金，又已交付客房鑰匙，交易已經完成，無從追悔。於是立刻向櫃台組長報告，組長亦感到事非平常，即刻聯絡安全領班及房務部說明可疑情形。安全領班獲悉後，先至樓層會同客房服務員至客房門口察看，突然聽到房間裡有很微弱的女聲呼叫救命，客房服務員也同時聽到，毫不考慮地打開房門，安全領班走在前面，剛踏進門，還在玄關處，一女子衣衫不整地衝到面前，抱著他的雙腿，哭叫救命，另一男子才穿上長褲，很尷尬地想要離開，但為安全領班所阻。待安全經理據報後趕到，另闢一房間，將女子隔離詢問，始知該男子在台北南港地區經營餐廳，女子為該餐廳會計，男的是老闆，

女的是夥計，老闆騙她有自美國返台的朋友住某旅館，請她陪同前往拜訪。女會計不疑有他，隨其到達該旅館後，男子先帶她到電梯旁，囑其等待他去聯絡，其實是至櫃台登記要房間。相偕至房間後，先是央求，不遂後就霸王硬上弓，男子已扯下女子內褲，她極力抵抗，並高呼救命，手腕與腿部皆已有瘀傷，因其尚僅十七歲，不足成年，經詢得其父母電話，及時通知其父母與胞姊前來，雙方共同談判。該男子出具切結書，雙方皆為顧及顏面不欲報警，願意私下和解賠償，由旅館安全室經理簽字作證，並告知女方家長，如該男子不肯認帳，或賠償談判不成，須上法院時，願意出庭作證。後來，果然曾至法庭為其作證。

防止自殺

台北市某五星級飯店櫃台組長，工作經驗豐富，機警異常，適時防止一自殺事件。

有名四十多歲婦女，家常穿著，未施脂粉，一眼看去就是家庭主婦的模樣，隻身至櫃台登記住宿。當時是下午四時許，櫃台服務人員又剛好是年輕的「菜鳥」，不問青紅皂白就交給她旅客登記表，索閱國民身分證核對等一應手續。這名婦女正準備在出納櫃台交納房租費時，為櫃台組長發覺該婦女既未攜帶行李，甚至未帶皮包，僅手拿著小錢包，而且神色憂戚，立即以客滿為由拒絕其訂房，未料該婦女獲知不給房間時，一開始是滿臉的驚訝表情，接著就大聲叫罵，把所有的情緒都發洩出來，並賴坐在地上哭鬧不休。安全領班遂出面扶她到接待室，並答應為其解決問題，才把她安撫下來。

櫃台組長機伶地找到她的登記表，查知她寫下的家中電話，打電話給她家人，恰好是她丈夫接聽，從電話裡就能感覺到他高興的語氣，聲言馬上就到；此時旅館大廳櫃台前仍糾紛不已，因一旁的其他

客人非常不滿櫃台對旅客的態度，高聲責罵，打抱不平，旅館人員又不便說明。因觀察她的情狀，依據經驗判斷，她可能有尋短的傾向，還好，她的丈夫在三十分鐘內就趕到了，夫婦兩人好像很有默契，見面後一聲不響地就一同走出旅館回家去了。據她丈夫說，昨晚夫妻口角，今天上午就離家外出，中午沒有回家，四處尋找不著，一家人都擔心不已，正商量著準備報案，就接到旅館電話，一家人高興得要跳起來。

綜合分析

上述兩案都是櫃台服務人員和櫃台組長細心，才得以挽救少女免遭蹂躪及中年婦女的生命，要以佛教的術語說，該是多大的福報，或者以我們傳統的觀念來說，是積了多少陰德。在處理強暴案未予報警的原因，是尊重當事人，也是保護該少女免被曝光的窘境，因為只要報警，就會是一件大新聞。安全經理另外關一房間把少女與暴徒隔離詢問，也是在保護少女的尊嚴，以便於了解真實情況，處置得宜。

第二案的處置甚為高明，櫃台服務人員因缺乏經驗是不能責備的，有了這次的磨練，對所有的櫃台工作人員都是極佳的活教材，一些打抱不平的客人明白就裡後，對櫃台組長的細心和老練的閱歷，都讚不絕口，無形中提高了旅館的聲譽。

思考方向與訓練

櫃台的作業對整體旅館業務關係，可以從此兩個案得知其關鍵性。櫃台工作人員須具備些什麼條件，須注意些什麼事情，也不須詳述了。訓練和經驗的傳承是必要的，除了工作的技巧外，最需要的是具有一顆愛心，不能因職業的關係，養成冷漠和玩世不恭的態度，要有一顆熾熱的心，隨時表現在工作上。

第三節　大廳安全管理

　　旅館的大廳若以安全為著眼點，應該是旅館的前哨，重要設施有櫃台，櫃台具有多種功能，皆為服務旅客而設；另有保險櫃、大廳經理（夜間經理）值勤台、行李服務台、待客沙發均與安全的關係至為密切。

　　茲就夜間經理、大廳經理、電話總機的安全任務詳加闡述。

一、夜間經理的安全任務

　　夜間經理的工作時段是晚間十一時至翌日上午七時，完全是「單獨作戰」。在安全任務上，只有當班安全人員在其指揮之下遂行任務，而夜間突發事件不少，又有色情氾濫的困擾，許多疑難雜症，需要智慧、膽識

旅館大廳

和經驗，是個不容易扮演的角色。其具體安全任務如下所述：

(一)督導安全警衛勤務

安全警衛各級主管雖有督考勤務的責任，但總難周密，夜間經理基於整體安全，安全警衛的勤惰當然有其責任，但因不同工作系統，如何才能恰到好處，頗不易為，除安全主管要全力配合，多予協助外，也需要發揮領導才能，否則，達不到合舟共濟的整體力量。

(二)協助處理安全事故

若干安全事故因安全人員無法完善處理時，夜間經理應主動出面協助。安全人員每因語言能力不足、職權不足，而不能圓滿達成任務時，白天有安全主管的支援，夜間則要依賴夜間經理。夜間經理能勇於任事，才能統率指揮安全人員，合作無間達成目標，是夜間安全工作的成效之一。

(三)抽查各廚房、餐廳安全檢點工作是否確實

消防防護工作計畫規定各廚房、餐廳每日打烊後進行安全檢點工作，將不使用的電源、瓦斯關閉，並由當班安全人員全面普查完畢後，再經夜間經理抽檢，以期督策本項工作確切落實。

(四)擔任消防安全的總指揮

消防總指揮在白天有總經理、副總經理或安全經理擔任總指揮任務，但在夜間，就唯有夜間經理擔負總指揮重任，萬一發生火災，滅火任務有自衛消防隊負責，但是，打電話報警、決定全面疏散、緊急廣播等工作，均有待夜間經理的指揮。夜間經理對消防工作須具有相當認識，才不會臨事慌張，有關消防演習、定期消防訓練，夜間經理人員需要多參加，用心學習。

二、大廳經理（大廳值勤）的安全任務

大廳值勤工作台一般設在大廳較明顯的位置，台面上擺放的職銜牌，標示為「大堂副理」或「大廳經理」或「大廳值勤」，而英文名稱都是「duty manager」，是服務的尖兵，也是最前哨，安全責任重大，茲論述如下：

(一)處理客人抱怨

常見的情況是，不論是宿店的旅客或餐飲客人，每遇有所不滿，要找人發洩或是有所抱怨時，往往找大廳經理；遇有咆哮不停者，一般旅客有所請託或有詢問時，也是找大廳經理；即使是房務部服務人員或總機接線員遇有疑難雜症，也是先找大廳值勤。處理得宜，不但能化解禍殃，並能贏得讚譽，故宜具有敏銳、正確的反應能力，和透視事端的觀察能力，言語能力更是自不待言，舉凡大小事端，如旅客摔跤、傷害、死亡等等有關安全事項，均賴其適時反應通報及協助處理。

(二)電話記錄的習慣

不要太相信自己的記憶力，重要電話要有隨時記錄的習慣。電話相關的姓名、時間、地點等內容記錄在電話紀錄表，在抽屜內常備有制式的紀錄表，保存完整的資料，才能據以判斷各種狀況。

個案研究

受託照料輕生房客

某觀光旅館的大廳值勤人員接到電話，受囑照顧某女性房客，因已獲知這名女性房客可能會輕生。某天的下午二時許，大廳值勤接獲

自稱從新竹打來的電話，聲稱住宿在某號的女房客，名字是甘某某，有可能尋短，囑予照料。該大廳值勤人員一聽此乃人命關天的大事，也不問清楚就掛上電話，立即轉告安全人員會同房務部人員前往處理。在會齊相關人員後，才共同商議如何進行，既不知從新竹來電話的人姓什名誰，也不知與該女房客是何關係，待進入房間後，如何啟齒？假如是有人惡作劇，又該怎麼辦？商議後決定先由房務部人員藉送開水進房一觀動靜後再說。服務員進房短暫就退出來說，該女房客在看電視，神色自若，看不出有何異樣，該如何繼續了解，變成了困擾，不敢不信，又不知採何方法。就這樣因循到夜間十一時許，距接到新竹電話的時間已十小時有餘，房務部人員藉作夜床又再進房，仍無發現異常，想與該女客攀談，又無從啟齒。正感徬徨無計，其弟前來探望，發現已服下安眠藥，口吐白沫，立即送醫，幸得挽回一命。

分析

從實例中所獲得的最大教訓是「隨時要注意保持冷靜」，尤其是擔任大廳值勤的人員，可能會接觸到一些特殊的人和事，都是意想不到的，必須冷靜面對問題，才能思考。要不是該女房客的胞弟前來探望的話，死亡事件就已然發生，勢必有疏忽致人於死的刑事責任，一場災難在所難免。從這次經驗當中接聽電話的人員，要養成隨手筆記的習慣。

思考方向與訓練

以本案為例，接聽新竹打來的電話，當對方說明請妥照顧某房客時，就該聯想到該如何處理。因為人命關天，必然要與該女房客面對接觸，該如何措詞？假若對方不肯合作，根本不承認即將發生的事，又該如何才能達成受託照顧的目的等。當然，必須知道來電者是誰？與女房客是何等關係？為什麼不親自趕來？其姓名、聯絡電話，甚而

是詳細住址，都需要詢問清楚，明白記錄下來，才能據以判斷，在與對方對話時才有話說。譬如說，已經掌握到充實的資料，就不僅是房務部人員單獨進入客房與該女房客接觸，安全領班、客務部人員都可以一齊進去，坦誠地告訴她，適才接到她的先生或是父母家人的電話，「囑我們就近照顧妳，並已經請他親自前來，但在沒到達以前，我們有責任照顧妳」，如其不肯合作，則可以報請警方予以保護，待其家人來時，再把她交還給他們。

　　有機會接觸電話的人，應養成隨時記錄的習慣，需要接受訓練。

(三)在消防工作上扮演的角色

1.當火警發生時，指揮疏散旅客至館外安全地點集合並清點人數，將受傷旅客送至醫院，同時記錄是哪家醫院、幾人、姓名等；旅客於清查安撫後如須送至其他旅館安置，是哪家旅館、幾人等等，將在消防專章中詳加敘述。

2.待消防車到達，引導消防員進入火場，報告當天旅客人數、疏散情形等，並與市消防指揮官密切聯繫。

3.如在下班時間，總經理、副總經理、安全主管皆不在旅館內時，如遇發生火警，擔任總指揮任務，至移轉指揮權為止。

4.協助安全警衛人員全面防範影響旅客生命、身體、財物安全事項，大廳經理駐守大廳。因工作關係，在大廳活動的工作人員除安全警衛人員外，尚有行李員、客務部接待人員等，大廳值勤其所以賦予經理名義，除提升其身分便於與旅客交往外，亦當賦予指揮大廳其他工作人員的責任，自應協助全面防範宵小危害旅客安全。

54

(四)全面防範任何滋擾安寧事項

常有精神病患者、色情女郎，以及最難對付、等級類別不同的各種色情販子，在大廳活動，破壞安寧秩序，影響觀瞻，倘有發現，須督導安全警衛人員或逕行處理。

(五)緊急事故的通報與聯繫

此所謂緊急事故，不僅是旅客生命、財產上的安全事故，凡屬與旅客相關，而不是大廳值勤所能處理的任何事故，皆包含在內，例如，旅客有所請託或有所詢問，雖非大廳經理職責範圍，亦當通報有關單位協助處理。

(六)指揮門衛維持周邊交通秩序及停車秩序

旅館周邊交通及停車問題是極大的困擾，一般皆認為旅館既備有停車場，應該沒有停車問題，殊不知有司機開車的董事長或高官來旅館酬酢，多不會逗留太久，司機多在門口等待，於是形成阻塞交通、妨害秩序的問題，雖不易解決，也不能置之不理。

(七)電梯安全事項

電梯故障或因停電而有停頓時，密切聯繫有關旅客安全問題，如有受困旅客，須注意安撫表示歉意。

(八)商務中心安全管理

商務中心雖另有接待人員，但仍須注意協助，不許閒雜人等進入或逗留。

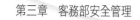
三、電話總機的安全任務

(一)消防及一般安全事故的通報與聯繫

1. 消防任務將於專章中詳細論述。
2. 一般安全事故，指旅客抱怨財物損失或安寧遭騷擾，均適時通報安全單位處理外。惟對接獲炸彈恐嚇電話，除立即通報安全主管外，不得告知任何人，以免徒增紛亂，待安全主管做出判斷後，由其向上呈報，或決定處理原則。

(二)恐嚇或騷擾電話的應對

　　恐嚇電話是指以炸彈相恐嚇者，騷擾電話則多是精神病患者。對以炸彈相恐嚇者，無論真假均須妥善應對，詳細記錄或錄音，將情形迅速通報安全主管，在未獲指示前，不得向任何人轉述，以免先造成恐慌，但安全主管須獲得確實而較詳細資料，才能做出正確的判斷。炸彈恐嚇電話，最常由電話總機接到，但也有可能是大廳值勤或是辦公室祕書小姐接到，工作台上或抽屜內都需要擺放「恐嚇或騷擾事件電話記錄表」，以便隨時記錄。表式見**表3-1**。

　　接聽電話的人要冷靜沉著，以徐緩而若無其事的語調與其周旋，盡可能拉長講話時間，拖久一些，以便準備錄音，先問他放在哪裡？什麼時候放的？用否定的語氣說，那不可能吧，他可能會把恐嚇的內容重複一遍；趁他講得高興時，問他：「你是誰？」他可能忘其所以地告訴你他的姓名。

　　表3-1是美國聯邦調查局從許多痛苦經驗中得到的，我們也證實的確有用，不要輕視了它。

　　而騷擾電話，多半是精神病患者，常糾纏不清，必要時可將電話轉至安全主管。

表3-1 恐嚇或騷擾事件電話紀錄表

一、日期：＿＿＿＿月＿＿＿＿日　　　　　二、時間：＿＿＿＿時＿＿＿＿分
三、接話人：＿＿＿＿＿＿＿＿＿＿　　　　四、接話地：＿＿＿＿＿＿＿＿＿＿
五、正確的恐嚇或騷擾內容：＿＿＿＿＿＿＿＿＿＿＿＿＿＿＿＿＿＿＿＿
＿＿＿＿＿＿＿＿＿＿＿＿＿＿＿＿＿＿＿＿＿＿＿＿＿＿＿＿＿＿＿＿＿＿
＿＿＿＿＿＿＿＿＿＿＿＿＿＿＿＿＿＿＿＿＿＿＿＿＿＿＿＿＿＿＿＿＿＿
六、放置位置：＿＿＿＿＿＿＿＿＿＿＿＿＿＿＿＿＿＿＿＿＿＿＿＿＿＿
七、何時放置：＿＿＿＿＿＿＿＿＿＿＿＿＿＿＿＿＿＿＿＿＿＿＿＿＿＿
八、哪一種炸彈：＿＿＿＿＿＿＿＿＿＿＿＿＿＿＿＿＿＿＿＿＿＿＿＿
九、為什麼要這樣做：＿＿＿＿＿＿＿＿＿＿＿＿＿＿＿＿＿＿＿＿＿＿
十、你是誰：＿＿＿＿＿＿＿＿＿＿＿＿＿＿＿＿＿＿＿＿＿＿＿＿＿＿
十一、判斷電話中的聲音＿＿＿＿＿＿＿＿＿＿＿＿＿＿＿＿＿＿＿＿＿
十二、男：＿＿＿＿　　女：＿＿＿＿　小孩：＿＿＿＿　年齡：＿＿＿＿
十三、醉酒：＿＿＿＿　　口吃或語言障礙：＿＿＿＿＿＿
十四、口音（判斷其籍貫）：＿＿＿＿＿＿＿＿＿＿＿＿＿＿＿＿＿＿＿
十五、其他：＿＿＿＿＿＿＿＿＿＿＿＿＿＿＿＿＿＿＿＿＿＿＿＿＿＿
十六、聲音的背景：＿＿＿＿＿＿＿＿＿＿＿＿＿＿＿＿＿＿＿＿＿＿＿
　音樂：＿＿＿＿＿＿　　小孩聲：＿＿＿＿＿＿　飛機：＿＿＿＿＿＿
　談話：＿＿＿＿＿＿　　車　輛：＿＿＿＿＿＿　打字：＿＿＿＿＿＿
　機器：＿＿＿＿＿＿　　其　他：＿＿＿＿＿＿
緊急聯絡人：＿＿＿＿＿＿＿＿　　　電話號碼：＿＿＿＿＿＿＿＿＿＿

(三)旅客資料保密

　　旅客姓名、年齡、房號等資料，屬絕對機密，須認真維護，如有人探詢，要嚴予拒絕。

(四)旅客電話過濾

　　如僅知道旅客姓名而不知住房號碼者，不得轉接；或知道住房號碼，僅要求接某房號者，須先詢明房客姓名，若不能明確答覆者，不得轉接。若有不明來源電話，對旅客安寧或安全都會構成威脅，不可不慎。

四、其他事項

　　櫃台與行李員聯絡旅客住房號碼時，須防範為他人所悉，應特別注意保密，因每為宵小所乘，獲知旅客姓名又知悉房號，常冒充旅館服務人員敲門進房，乘機偷竊客人財物。

　　行李員運送團體旅客行李時，要留意宵小混雜其間，通常是旅行社人員及旅客會誤認是旅館服務人員，而服務人員又誤以為是旅行社人員或是旅客，而讓宵小乘機偷竊得手，屢見不鮮。

個案研究

櫃台前竊案

　　這是在台北市五星級旅館裡所發生的事件。

　　一對年輕的美籍夫婦來台蜜月旅行，隨身攜帶的行李不多，男性的手提箱裡只有多張機票與一些雜物，更無值錢的東西。上午九時許，夫婦倆退房後至櫃台結帳，把手提箱放在地毯上，緊靠著腳旁，女的在附近觀賞旅館的陳設，待其結帳後竟發現手提箱已不翼而飛，夫妻倆禁不住擁抱流淚。旅館接待人員一面安撫一面會同安全人員進行查處，就在慌亂時刻，安全室經理接獲電話，對方第一句話就說：「你們是不是有個手提箱被竊？」第二句話竟然是說：「手提箱在松江路某保齡球館二樓的廁所，中間的那間裡面，快點派人來拿。」自然毫不考慮的立刻著人前往，果然，如其所說的是在中間的廁所內，還是鎖住的，想必是鎖好後從門的下方空隙處爬出來，大概是怕被他人發現拿走。從發現失竊到取回，不到一小時便交還到客人手中，對方一定會奇怪該旅館人員的工作效率竟如此高。

　　事後，為了解如何從腳旁竊走手提箱，察看大廳閉路電視錄影帶，發現該竊賊的沉著、大膽，和旅館人員的疏忽是一個明顯的

對比。而事故之所以發生，是必然的結果。該竊賊在大廳活動竟然有四十分鐘之久，為男性，四十歲上下，圓臉、蓄髮，身高約一百六十七公分，體重約六十三公斤，稍壯，著灰色夾克，雙手常插在夾克口袋裡，在大廳逗留，或坐或站或走動，尋找下手的目標。他在大廳逗留時期間，無時無刻都在觀察旅館工作人員的動靜，密切注意安全人員的動態，接著選定了目標後，逐漸接近目標。他開始移動身體時，仍以眼角的餘光左右掃描，觀察是否有人注意他，然後向前邁進，走到一半，剛好櫃台下目標物正前方的一張工作台，台上有檯燈，他緊靠檯燈稍站一會，左右觀察，見一切如常，再向前面的櫃台緩緩走過去。他走到目標物的左側，離目標物約一大步後向後轉，背對櫃台，不時觀察四周，一切如常，立即大跨一步，拿到手提箱，快步走向旅館側門，消失了身影，輕而易舉竊走了手提箱。然而這名善心的竊賊，當發現手提箱裡一無長物，沒有任何有價值的東西，只有機票時，深刻了解旅客失落機票的煩惱，於是電話通知旅館安全人員，把關鎖在廁所內的失物取回。

那卷錄有竊賊在大廳行竊手提箱的真實畫面，成為旅館訓練員工最好的教材。竊賊在大廳注意旅館工作人員的動態，而那麼多工作人員竟沒有任何一個人注意到竊賊一眼，在那麼長的時間裡，大廳值勤的安全人員與該竊賊兩次面對面的擦肩而過，竊賊是深深看過他，他卻仍直著眼睛看前方。

大廳竊案

另一家觀光旅館旅客手提箱在大廳遭竊的事件。

手提箱內沒有貴重財物，只有滿滿沉重的文件，竊盜的過程一樣被閉路電視的攝影鏡頭拍攝下來。雖然攝影鏡頭是旋轉式的，但從不連貫的畫面中，仍可以清楚連貫出竊盜的行竊過程。大廳有一組沒有

靠背的沙發，南、北方向可以同時坐四人，而東側則只能坐一人；在長方形的沙發上兩個黑人，身材短小，非洲人的樣子，一個面向西，一個面向東，兩人的腿旁都放著同樣大小的黑色手提箱，較○○七手提箱大一些的公文箱。而面東的方向，坐著一位本地人，像是在等待什麼一樣，身旁放著一疊報紙，手上報紙也舉得高高地正在閱讀，剛好遮擋住攝影鏡頭，但仍看得見他放下報紙後，用左手拿到面向東面的黑人手提箱，隨即抱在胸前，快步向東朝大門逸出，快到大門時才把抱著的手提箱用右手提著，出門即不知去向。幾分鐘後，該黑人才發覺手提箱不見了，但已莫可奈何。

綜合分析

如前舉櫃台的案例而言，竊賊都是先花相當長久的時間在大廳尋覓獵物。安全警衛人員於大廳值勤所司何事？最重要的任務就是要過濾逗留在大廳的人，如不是旅客，是些什麼人？何以逗留不去？有人說，這是公共場所，任何人都可以出入；不是的，這並非公共場所，也不是公眾得以出入的場所，乃是投資經營的商業場所，之所以任人前來休息、等朋友、約會等等，是基於營業的需要。

作者曾經發現一名五十幾歲的人，每天都是上午八時許至九時之間坐在大廳沙發上，一個人默默地抽菸，當我開始注意到他時，他也警覺到，好像頗為羞澀地避到廁所去，起初，也真懷疑他是有不正當的意圖，但見他穿著樸素，一襲黃色夾克沒有更換過，總是在九點鐘前，緩慢地從東側門出去。有一天，我好奇地跟他走出去，遠遠看見他走進附近的一家銀行，原來他是那家銀行的襄理。另一天早晨，我主動向他攀談，我們雖然沒有交談過，但已神交很久，我對他表示歡迎，他也告訴我，每天從很遠的地方乘公車上班，由於時間太早了，銀行尚未開門，所以來旅館休息。為了表示歡迎，第二天請他用早餐，他也很豪爽地答應，竟這樣交上了朋友。如此的案例甚多，還有

一些是某些公司的職員或司機，經常到旅館來接客人，都會在大廳等候，旅館的安全警衛人員就有責任接觸、了解，很容易區隔出不良企圖的人，有不良企圖的歹徒，會很快警覺到不安全的環境，而主動地離開。

團體旅客由遊覽車送達旅館後，負責接待的當地旅行社導遊人員辦理客房登記、分配房間，旅館作業的配合非常重要，最好能有一處較單純的環境，以便與其他不相關的人物區隔開來，尤其是團體客人超過十人以上時。若環境複雜，有人混雜其中，旅客隨身攜帶的財物，尤其是照相機類的小東西，稍一鬆手，就易失落。

某次日本團體二十餘人聚集大廳等候分配房間，一年長男性客人將手提包放在座位側邊，回頭與同伴談話，頃刻間被人竊走，破壞了旅行觀光的情緒，影響國家形象，莫此為甚。

日本觀光團體有些是由鄉下人組成，全團旅客皆是年長的老先生、老太太，或純粹是中年婦女團體，於安排好房間後，旋即相偕外出逛街，三五成群地返回旅館，待進入旅館電梯時，發現皮包被打開，或是提袋被割破，也有日本青年在公共汽車上褲後口袋的皮夾被竊，返回房間以後才發現，叫苦不迭。

嗣後，為了防範此類事件，採取了最笨的措施，就是當日本團體進住，或是從外面返回旅館時，便派出警衛勤務，凡是在團體旅客中穿梭，或是隨旅行團一齊進來的人，一律採人盯人的方法，讓歹徒無從下手，這樣做很容易發現不屬於那個團體、混雜其間的可疑分子，自從嚴密地執行這一措施後，這類事件就再也沒有發生了。

思考方向與訓練

竊賊是可以防範的，總不能老是在竊案發生後，當著客人的面瞠目結舌，萬分慚愧卻無話可說。凡在大廳執勤的工作人員，若能感受到職責重大，竊賊便不敢輕易活動。在旅客活動較多的時間裡，不許

閒雜人等接近；在大廳人數較少時，過濾所有的人，判斷其逗留的原因，有意無意之間多看他幾眼，對方要是心術不正，就會心裡發毛，接著盯住他，不讓他有下手的機會，若是下次再見到他，找機會盤詰他，這雖是安全警衛人員的職責，但大廳值勤人員也應該加以督導。另外行李員也要留心隨時為客人服務嗎？當然也可以注意觀察到一些不法的活動，就如第一案所描述的，竊賊在大廳蹓躂四十多分鐘，把大廳的工作人員都看個夠，卻沒有任何人留意過他，警衛人員還跟他面對面、兩度擦肩而過，當然應該追究警衛人員的責任，防竊是他們的專職。

大廳外側傷害案

某某旅館在大廳側門外，客人被鋁梯碰傷案。

應政府之聘的歸國學人，夫婦二人相偕至某旅館赴宴，準備從該旅館側門進入之際，突然被風吹倒的鋁梯碰傷了婦人的膝蓋，立即送醫，幸無大礙。談及賠償，則是大費周章，對方首先要求書面的道歉函，中文書寫後，再要英文的版本，由旅館一級主管親至其居所遞送中、英文書面道歉函，並聽取口頭教訓。據稱，其應政府邀請回國，尚未租妥住宅，暫借友人居屋，夫人受傷影響其生活至鉅，要求賠償並非過分，這要是在美國，一狀告到法院，還得受懲罰，責備旅館當局未善盡防範之責，事後又無誠意解決問題。除洗耳恭聽，敬領教訓外，夫復何言。

分析

旅館某單位主管的謙卑態度，換得了免除金錢賠償的許可，當事人口頭的責備亦確屬實情，像這樣事情在美國的確是沒完沒了。但站在安全管理的立場來說，實該追究原因，查明究竟是哪一單位某位同仁如此疏忽，使用鋁梯後未加收拾。幾經追查，卻無人承認，只得不

了了之，但仍追究責任區單位人員，未盡到維護安全責任，安全人員巡邏亦應注意發現類似事件。

思考方向與訓練

安全維護需要整體的警覺性，共同注意任何可能危害安全的事項，故每常鼓勵多管閒事，發現任何可能危及安全的物或事，或是聞到任何不安的情況，或者是嗅到特別的氣味，都需要立刻反映到可以處理事件的單位或人，人人都愛團體，是我們賺錢養家的所在。

大廳客人摔跤

據悉是發生在香港某五星級觀光旅館的事故，因而興訟。

某次旅館大廳地面打蠟，時在零時，本是例行工作，多少年來從未發生意外，但就這一次有客人摔跤，賠款甚鉅，因地面打蠟，未完工前甚為濕滑，清潔工作負責單位本極小心，工作場所周邊設有安全圍籬，並置放警告標誌，不料仍有一位女客人跨越圍籬進入工作區域，因而滑倒，一屁股坐下，又是身胖體重，竟致骨盤裂傷，緊急送往醫院，負擔醫藥費，道歉，且承諾賠償，哪知該客人竟不聲不響地一狀告到法院。當初，旅館以為已經盡到預防的責任，且設有安全圍籬，又有警告標誌，但檢察官於履勘現場後仍責備有疏忽的過失，卻也言之成理。他說，一樓施工，圍籬設在電梯口，電梯就不應該在一樓停，有人從電梯出來，如何能不跨越圍籬。不僅此而已，還應該在地下一樓設下圍籬及警告標誌，警告行人應從另一方向上樓，才算盡到防範的責任，所謂疏忽的過失，是「應注意且能注意而不注意」者，雖然已有注意，但仍不算周延，難卸過失刑責。

分析

本事件在處理上有值得研究之處，該受傷的女客人因非房客，致

未能全心照顧，且認為既已承諾賠償，應該不會再節外生枝，未料賠償尚未完成前，她便已向法院提出告訴，實在是賠了夫人又折兵。

思考方向與訓練

　　處理意外事故的專案小組，該有主管人員負責召集，此召集人以安全主管為宜，因其立場較為客觀，且與警察司法機關較為熟悉，並較了解法律關係，對每一事件的處理過程都要能確實掌握。本案的發生在清潔單位來說，認為已盡到警戒責任，而仍被告訴承擔刑責，頗有委屈，似乎無法接受教訓，是值得商榷的。正如檢察官所論斷，雖在電梯口設置有圍籬，仍屬不夠周到，應該在下一樓層即設置警告圍籬，甚或暫時停駛電梯，才是正確做法。相關人員必須謹記教訓，才不致再犯。

Chapter 4.

房務部安全管理

　　客房是旅館的基本設施，安全的要求是服務品質良窳的重要指標，也是諸多服務項目的基礎；即使其他的服務都是一流的，苟若安全不合標準，也是留不住客人的。旅館營業的興衰，房務部的安全管理居於關鍵地位。本章將討論客房樓層的安寧與安全，以及旅客意外事故的處理等，也列舉數則個案，提供研究。

第一節　房務部的安全責任

　　客房樓層為旅館的重要區域，須切實維護旅客的尊嚴，旅館員工非因公務不許進入。即使房務部服務人員，不是當班的時段，也不准擅自在客房樓層閒逛；即或是在當班時間，也只限於工作樓層，不得往其他樓層走動，這也算是對旅客的尊重。維持客房樓層的安全與安寧，本來就是房務部的責任，不僅要遵守規定，還應該隨時注意發現可疑之人事物，排除外來侵害。

旅館客房

一、客房樓層的安寧與安全

影響安寧或安全的人物有貿易公司的業務人員、竊賊、色情女郎及色情販子等，茲說明如下。

(一)貿易公司的業務人員

貿易公司的業務人員有男有女，幾乎都才貌雙全，這類人最難應付，因多是高級知識分子，他們已掌握旅客的姓名與房號，故逕行按旅客門鈴實屬常見。可是，常未事先向旅客約定時間，旅客不免會向旅館抱怨，認為影響其安寧，甚至懷疑是旅館洩漏房號。

(二)竊賊

偽裝為旅客，或者假扮要拜訪旅客，在客房樓層逗留，甚或是冒充樓層服務人員，乘機行竊旅客財物。旅客於遭受損失後，每每懷疑是樓層服務人員的操守問題，或是與宵小勾結，最為困擾。

(三)色情女郎

色情女郎以多樣情狀在客房樓層活動，任意按客房門鈴，驚擾旅客，常為旅客抱怨，懷疑是旅館服務人員縱容或是勾串。

而另一類是事先約好的應召女郎，準時到達，也按約好的房號按門鈴，客人卻不在房內，於是，在房門口等待，或在走廊徘徊，令人側目。雖尚不致構成客人的抱怨，但若同時同一個樓層裡有二、三位應召女郎徘徊，其他旅客看在眼裡，實在不堪，也影響旅館形象。

(四)色情販子

一般稱為「三七仔」，也就是所謂的「皮條客」，有男有女。擅闖客房樓層的不多，多是與客人約妥後進入客房談判交易條件，甚至還有的

是預訂房間，儼然旅客姿態，此為走高級路線者。

另一類最令人詬病的是日本旅遊團體，隨團導遊本身也是旅客，有個人的房間，由旅行社約好的應召女郎到達飯店後，先到導遊的房間集合，再由團體旅客挑選後再各自帶回房間，一時之間鶯鶯燕燕打情罵俏，體統盡失。

綜合上述情形，有的情況已有具體情狀，從監控的閉路電視就能觀察出來，有的在安全人員巡邏中也可發現，但騷擾旅客的貿易公司業務人員及竄入樓層的竊賊，常不易被發現。房務部樓層服務人員較易發覺此類可疑人物，要能與安全人員取得默契，或予錄影，或逕行取締，方能發揮效能。

個案研究

陪宿女郎盜竊案

此案發生在一家觀光旅館內，筆者曾受託處理。

日籍旅客於酒廊攜回女郎陪宿，翌晨該女離去後，才發現乙只藍玉K金項鍊遍尋不著，懷疑是該女順手牽羊竊走，不甘損失向旅館投訴，希望協助。經旅館安全室會同處理小組前往拜訪該旅客，據稱，於夜間入睡前將該項鍊藏在枕頭下，該女郎離去時這名日籍旅客雖曾睜眼，但仍在矇矓間，沒料到項鍊會遭竊。曾建議其報警，但該旅客不願意由警方偵查，只希望旅館能幫忙，乃先詢知是哪家酒廊、女郎形貌後，向該酒廊施壓。據該酒廊稱，該女已多日未到，但也承諾代為尋找，三日後終於將該女尋獲，並送回項鍊交還給旅客。

冒充服務員竊盜案之一

此為某觀光旅館所發生。

日籍旅客二人，事先電話訂房後相偕進住。年長者五十歲左右，另一位在四十歲上下，因係常住客人，旅館作業單位於電腦查詢獲知後，特別予以禮遇，選擇兩間較好的房間，一間在十二樓層，一間則在九樓層，年齡大的住高樓層，由接待組主管親自接待。在櫃台辦妥手續後，將房號、姓名用對講機通知行李員於箱子上掛上名牌後，陪同兩位客人一同乘電梯；同時間，幫忙接待的那位主管另有他事，也搭乘同一部電梯上樓，好像同時禮送客人進房似的。在客人分別進入九樓及十二樓層房間、行李員安頓好行李也退出以後，大約間隔不到二分鐘，就有位也穿著旅館職員相同款式、顏色制服的青年男子，先到九樓房間按門鈴，自稱是旅館安排的特別服務人員，較年輕的那位日本人開門後，表示不需要，未允其進房，十二樓較年長的就開門讓他進房。他於進房後，除一面與客人用日語寒暄外，一面拉開窗簾，並用茶包為客人沖一杯烏龍茶，然後去浴室放水，囑客人洗澡，就在客人進入浴室後，他掏空了客人衣服、褲子裡全部財物後逃逸。

該客人洗完澡看到衣褲都不在原來地方，一摸口袋發現現鈔皆不見了，旋即驚慌地告訴九樓的同伴，再告知客務部接待人員，抵達房間後才通知安全室與房務部人員，當時房務部服務人員還未接觸到客人。共同了解並詢問該客人後，表示該名男子雖穿著與旅館人員相同的服裝，但是否在胸前掛有名牌則未知。該房客驚慌之餘，一口咬定是旅館人員，因為依據對方泡茶的動作，可看出相當專業熟練。經比對遺留在房內台上發現的烏龍茶袋，與由旅館所提供的茶袋不相同：旅館的茶袋上蓋有旅館的印章，而這包經沖泡的茶包上則沒有，顯然是歹徒自己準備的。但仍不為客人諒解，經徵得客人同意後，報請警方指派刑事人員前來調查，蒐採指紋等進行偵查。

冒充服務員行竊案之二

冒充服務人員行竊旅客財物的案例，發生在另一家觀光飯店內，為筆者所蒐羅者。

團體旅客行李是在分配好房間以後，才由行李員統一送到客房，不像單身旅客個別送進房間。此客人進入房間後，行李尚未送到，也不能洗澡換衣，多數都是開著房門與隔壁同團的夥伴聊天，甚或穿梭在幾個客房之間，情況較為混亂，易為宵小所乘。當時，客人正要拿著送到的行李進房，就有自稱是旅館服務員的青年男子進入客房，見房內只有一位客人，就一面搭訕，一面入浴室放水，請旅客入浴。沒有旅行經驗的「新手」，乖乖地脫下衣褲進入浴室，也許這時在心裡還很稱讚這家旅館服務周到、工作人員待人親切。哪知洗好澡出來，衣褲口袋裡的現鈔全部被人一掃而光，宵小早已混雜在混亂人群中，旅客還以為是旅館服務人員。其實行李員送行李時，雖也曾發覺好像有個人不是旅客，也不像是旅行社人員，但終究心不在焉地把行李放下後就快速離開。很多客人就是在這種情況下損失了財物，讓原本是快樂的旅行變成煩惱時間。

客房竊案

某五星級觀光飯店於開幕的一週內，發生此一離奇竊案。

自香港來台的某位知名影劇界人士，自下機後即被多人簇擁著住進旅館為其特別準備的大套房，稍事休息後就乘名車離去。約三個小時後返旅館房間，發現手提箱遭人破壞，內有萬元美鈔失竊，異常震怒，旅館當局高級主管親自道歉，並責令處理事故專業小組進行了解。

經查證後發現客房門未遭破壞，這名客人上午十一時二十分許進住，約在上午十一時五十分乘專車離去，隨行者共五人，下午三時十

分許返回房間。在此三小時中，房務部人員聲稱沒有進入房間，客房仍然使用傳統的機械鎖，櫃台也沒有借用該房間鑰匙的紀錄，只有房務部人員能持備用鑰匙進入客房。於是先從這些人著手調查，並建議報請警方偵查，但為客人嚴拒，且隨即遷移到別的旅館，對失財事亦未再追究。

同樣的事情一再重演，據了解被竊財物者以中國華僑的人數最多，日本人也有，都是在進住後外出，或在旅館內餐廳用餐，離房不到二小時，放在房內的現金即被竊走，房門亦未遭破壞，全是用客房鑰匙打開的。見事態嚴重，經報請警方專案偵查，先了解旅館客房鑰匙的管理，認為沒有問題，客房鑰匙未曾遺失，且據工程單位管理鑰匙的人員說，門鎖及鑰匙皆由美國進口，鑰匙金屬板較一般長，齒也較多，在台灣應該無法複製；於是把房務部服務人員的上班時間與失竊時間做交叉分析，並無交集，接著把房務部人員的家世背景、生活情況詳予調查，也無結果，就在綿密的調查中，同樣的情況仍偶有發生。

安全主管對此責無旁貸，經觀察、研究，什麼人能有機會獲得客房鑰匙？什麼人能知道進住者是華僑或是東方人？何以要選擇東方人？什麼人知道客人進住後不久旋即離去？因此應該是旅館員工才有機會接觸客人，了解客人的動態。房務部的員工嗎？不太可能，因為他們的工作範圍滿大的，不太容易守著幾個房間來觀察客人的動靜，而有些客人進住後旋即外出，到財物失竊的這段時間，甚至還沒有與該客人碰過面。就算有機會很快認識客人，也知道客人不在房間，確有人在，但如能得到客房鑰匙，被認為是最大的關鍵。最後終於查出，該客房鑰匙在旅館附近的鎖店就能夠複製，但卻查不出結果，只有朝嚴密管理著手。嗣後，只要客房鑰匙未按時間歸還櫃台，就更換客房的鎖芯，從此再也沒有發生類似的事件了。

客房竊案的另一模式

　　據悉在某觀光旅館，竊賊竟在客房有人在的情況下，公然闖入行竊。

　　當時客人側身躺在床上，房門卻大開著，竟然有竊賊乘機潛入，企圖竊走客人放在行李架上的提包，為該客人發覺，大聲叫喊，竊賊受驚，提著獵獲物衝出房門，竟一頭撞在牆壁上，頭破血流，為服務人員手到擒來，真是賊星該敗。

　　客房的行李架總是在進入客房最近的地方，打開房門最先看見，本來是為方便客人。放在行李架上的多半是大衣箱，若是貴重物品或是手提箱、提包之類的小件行李，就不應該放在行李架上，以免歹徒有機可乘，更何況不關房門。該客人聲稱，因已經打電話給總機，要求找按摩師來，所以開著房門等按摩師，躺在床上正閉著眼睛，矇矇矓矓間，好像感覺到有人進入房間，翻身一看，竟有人好像蹲著身子走進房，伸手便提起行李架上的手提包，立刻意識到房門未關，以致歹徒乘機潛入，乃高聲呼叫，因而財物未遭受損失。

旅客自稱財物遺失疑案

　　這是發生在某旅館的真實故事。

　　一名中年男性華僑，來自新加坡，頗為富有，來台時總是入住這家旅館，住同一房間，若進住時這間房剛好有人住，隔天也要換到這間房。這名客人與房務員熟得和家人一樣。有一次，在住進後的第二天便乘飛機去高雄，途中迫不及待地從飛機上打電話到旅館，自稱有一枚鑽戒放在床頭櫃上忘記收拾，請幫他收起來。在他的想法中，一大清早房務部服務員可能尚未整理房間，鑽戒很可能還在床頭櫃上，客務部大廳值勤接獲電話後，親自去找房務部服務員一齊到客房，結果房間已經清理完。據服務員稱並沒有看見鑽戒，而且床單、枕頭都

已經更換；隨即考量到有無可能包到床單裡，便迅速趕到洗衣房，只見所有房間內的被單、枕頭套都還堆在一塊，大家都幫忙找，仍無所獲。該名客人於抵達高雄後再次來電，旅館方面告訴他未曾找到，他說辦完事後再回來追究。他說，這枚鑽戒是他妻子買的，原是一對，兩夫妻一人一只，因為太重，平時很不願戴，但回新加坡時一定要戴，以免妻子責備。平常不戴時，都是用一個布袋子裝著，用別針扣在褲口袋邊，去高雄的飛機上發現褲口袋裡沒有扣上裝鑽戒的袋子，心想還沒有整理房間，鑽戒應該還在床頭櫃上，於是找來熟悉的服務員，當面告訴他尋找經過，確實沒有找到，不時看到他焦慮煩惱的情緒，而且一再聲稱，不是懷疑該服務員，因他也看到這名服務員委屈地淌著眼淚，一再要求不要懷疑該服務員。他究竟是丟在何處？連他自己也不知道！但可確定的是，他並未說謊，可能是在離開旅館後失落的，旅客未認真追究，也沒另外說明。

謊報竊案

發生在台北市某觀光飯店，乃警方告知。

從香港來台，是旅遊業的年輕婦女。貌雖中姿，但一眼看上去，就是那種聰敏幹練的職業婦女。於進住後第二天，就說皮包失竊，失竊地點可能是在房間裡，也可能是在咖啡廳，但絕對是在旅館裡被竊。旅館的專業處理小組與其接觸後，她說，坐計程車從外面回到旅館，進入客房換衣後，到咖啡廳用餐，才發現未帶皮包，急忙回到房間就找不到皮包了。那時候，客房已完全更換了電子鎖，不是傳統的機械鎖。電子鎖在門鎖內有電腦裝置，開門後都留有紀錄。旅館人員打開紀錄讓客人親自檢查，自她自己進房、出房去咖啡廳、再回房都有紀錄，捨此而外，再沒有人進出房間，這就證明皮包不是在客房丟掉的，但也不敢完全否定是在咖啡廳被竊，因為咖啡廳常有財物遭竊

的事故。客人要求報警，因為皮包裡除有證件外，尚有金融卡需要辦理掛失手續。依例報警，由警方開給她財物失竊證明，她也返回香港。

　　不到一週，再見她住進旅館客房，主動宣稱是來台領回她失竊的皮包和全部財物。她說，在她尚未回到香港時，家人就已經接到來自台灣的電話，原來有好心人在一輛計程車裡發現了她遺忘的皮包，打開來一看，保留原有的現金、證件，因找不到她在台的住址和電話，就打電話到香港，通知她親自來台領取，於是，她高興地再度來台，拿回了皮包。她盛稱台灣有人情味，不斷感謝那位善心的人。

旅客自稱財物失落

　　某接待外賓的五星級旅館發生的故事。

　　由外交部接待的一名美國參議員在準備往機場回國的前一刻，聲稱放在房間書桌上的藍寶石戒指不見了，隨行的外交部人員大為震怒，責備旅館一定要負責任，此事攸關國家顏面，必須要有所交代。據該參議員稱，藍寶石是南非的朋友贈送的，來台灣時在博愛路一家珠寶店鑲 K 金座，還是今天上午由外交部人員陪同一起去拿回來的，裝在盒子裡，順手就放在書桌上，因為去機場前須先參加記者招待會，未來得及將戒指收到皮包內，待返回房間後就未再看見，所有可能放置的地方都找過，就是沒有。這名參議員在旅館人員慌亂處理中就搭乘專車離去了，但外交部人員仍然要求旅館有所交代。

　　好在客房部已經使用電子鎖，隨即邀請警方與外交部人員共同查看該參議員離房後的房間出入紀錄，確未發現在該參議員離房往記者招待會之間，另有他人進出過房間，足以證明鑽戒不是在房內遺失的，很可能是該參議員在匆忙之中放進了箱子，或塞在哪個衣袋中忘記了，結束了一場誤會。否則，旅館是百口莫辯，就算是承認賠償

罷，應賠償若干？買一只相同的藍寶戒指，也不及他朋友贈送的有價值，以他的政治地位來說，絕對不會是說謊，何況他只是聲明不見了戒指，並未表示索賠，想他回家後發覺戒指仍在他箱子裡，一定會深感抱歉的。

代房客尋得財物

這是一則發生在五星級旅館的故事。

一對年長和藹慈祥的美籍夫婦來台度假，清晨妝罷後至旅店咖啡廳享用豐美的早餐，餐畢返回房間，找遍了房間內所有的地方，都未找著她的一只藍寶石戒指，又是傷心，又是驚慌，哭泣不止。旅館專業處理人員獲報後到達，明白客人於夜間進住後迄至晨間離房時間內，再沒有人曾進過房間，根據經驗判斷，一定是放在哪裡忘記了，乃代她找尋，枕頭邊、床鋪上、書桌、茶几、地毯、浴室，遍尋無著，正感無奈時，她自己無意中把一堆報紙掀開，一只菸灰缸內正放著她失落的戒指，她高呼一聲隨即大笑，讓我們欣賞了美國人的天真，傷心就哭、高興就笑，不也是真情流露嗎？據她說，那枚戒指是母親遺留給她的紀念品，異常珍貴。

綜合分析

不嫌繁瑣的列舉個案九件，皆是發生在客房內較具代表性的案件，概略分析於下：

第一個案例是色情女郎所為，雖與旅館無關，但客人既已表明希望能為其找回，本於服務立場，乃盡力代其找回。

第二個、第三個案例皆為旅客冒充旅館服務人員行竊，旅客確有遭受損害，其惱恨在所難免，即使不向旅館索賠，亦難免遷怒於旅館管理欠妥，是應盡力防範，為確保各樓層客房的嚴肅性，共同注意在樓層逗留的可疑人物，行李服務員在樓層服務時，最該協助注意可疑

人物。安全人員重點時間加強巡邏等，皆為可行之道。

　　第四個案例確屬旅館竊盜，尤其仍使用傳統機械鎖的旅館，最難令人諒解，須很謹慎地處理，才能減低旅客的抱怨。

　　第五個案例的發生說明旅客的疏忽，未將房門關妥以致為竊賊所乘，但須考慮的是為何無人發現客房門未關，任其敞開著？何以有竊賊在客房樓層逗留而無人知覺？也是管理上的疏漏。

　　第六個案例中所失落的鑽戒，很可能不是在房間內，而是在離開客房後，不經意丟失了，只是想是否可能遺留在房間，但也不會懷疑那位他熟悉而且信任的服務員，因為在本案發生以後，只要再來台灣，他仍住這家旅館，而且選擇那位服務員工作的所在樓層。

　　第七個案例是烏龍事件，她自己應該明白是遺失在計程車上，但必須報警才能獲得證明，以處理信用卡、機票掛失等手續，但由於對環境不熟，必須一口咬定是在旅館遺失，才能獲得旅館的協助，這應該構成《刑法》的誣告罪，只是不能與其計較而已。

　　第八、九個案例均屬誤會，應可說明旅途中的遊客常感不安，稍遇意外，多會先想到遭受侵害，旅館從業人員須具有相當的了解。

　　綜上所舉各個案例，均係發生在客房，是較具典型的案例，旨在說明類似事件發生後之處理，需要有一個專業處理小組，包括安全室人員，最好具有專業背景，能依據現場狀況，迅速研判情況；房務部人員，因客房屬房務部責任區；客務部人員，因接待客人是客務部職責，亦須擔任翻譯，在面對旅客時，須注意態度莊重與誠實，詳細了解經過，但不可因此遽下判斷。

思考方向與訓練

　　竊盜案件發生在旅館客房，較發生在其他場所尤為嚴重，因為客房是旅館的首要商品，旅客於登記後，取得該房間的鑰匙與匙卡後，即與旅館完成契約，房間便歸由房客使用，旅館有責任維護其生命、

身體、財產的安全；尤其是在房間交給客人使用期間，客房尚須由旅館派服務人員做整理、洗滌、清潔等工作，服務人員常須進出客房，無論客人是否在房內，除非客人事先交代不許清理房間，否則服務人員備有客房鑰匙，一旦旅客發現房間內財物有所損失，首先就會想到是服務人員的操守問題，甚至一口咬定是服務人員手腳不乾淨，每每於報警偵查時，總是先把服務人員列為重要的偵查對象，以列舉案例而言，皆可證明確與服務人員無關，但飽受委屈，甚而迭遭羞侮的總是服務人員，負責管理客房的服務人員豈能不生警惕？保護客人的責任重大，應該研究防範，不使其發生才是上策。

五星級旅館竊案

某五星級旅館，從開始營業後客房的竊案時有發生，堪仍頻頻發生、困擾至極，曾協調警方專人專辦，而即使有專人管理，仍究發生。經研究被害人都是東方人，有各國華僑、香港人、本國人，而西方人一個也沒有，原來是西方人多不攜帶貨幣、紙鈔也很少隨身攜帶，皆使用信用卡，日本人、香港人、華僑多是攜帶現金，是什麼人能知道是東方人？什麼人能知道是住那間房，為何能進入房間，最受懷疑的是房務員，經多方調查，絕對不是；再者就是能直接接觸旅客的行李員，他們知道旅客的身分，也知道旅客的房號，也能知道客人不在房間的時候，但如何能進入客房呢？接觸到客房鑰匙，又如何得手，均待研究。

分析

此種模式的竊案，在飯店開幕之初，屢屢出現，已到明目張膽的境況，可不能經警方破案，也必須立即杜絕，仍須自內部調查起，了解在鑰匙的管理上是否有瑕疵，那時候電腦匙卡，尚未引進台灣，一般旅館還是傳統鎖匙，而且鑰匙相當沉重，客人多將鑰匙交給櫃台保

管,但也有拆開帶出房後交給服務員或行李員轉交櫃台,從上述事實可知此類模式的竊案,是確定與鑰匙相關。先了解客務部櫃台管理客房鑰匙的方式查起,遂深知是管理無方,按規定是客務部經理有一套全部客房的鑰匙,封鎖在櫃子裡,未經經理許可,任何人不得使用,只讓櫃檯主任保管一套,預備旅客需要,因旅客有時遺失鑰匙,可作為備用鑰匙,每天下午四時清點一次,如有短少,隨及通知鎖匠打配,規定房務部及行李員只能有空房鑰匙,並於當日下午四時前送回櫃檯,若忘記送回,鎖匠又打配一支,則備用鑰匙出現多出的狀況。經向鎖匠查詢,告知此種傳統鑰匙是自國外進口,板面長,有七個齒,國內板面狹短,只有五個齒,在國內無法仿製,但我們卻在旅館附近的鑰匙攤打製成功,證明竊案與鑰匙的關係,反映是能接觸客房鑰匙的人,利用持有鑰匙的機會,仿製鑰匙,乘機竊取旅客財務,因所竊者皆為現金,無法取得證據,未能協助警方破案,但可以要求加強鑰匙管理,櫃檯的備用鑰匙專人管理,交鎖匠打製鑰匙,要先會知安全室,先查明失落的原因,至於登記存檔,自從加強管理措施後,此種模式就再也沒有發生了。

思考方向與訓練

1.要求接觸旅客的單位,加強員工的考核。

2.任何員工非因工作需要不准進入客房樓層。

3.訓練閉路電視監控人員,注意監看客房樓層員工作業的異常狀態,並錄影交主管追查。

客房樓層為旅客進出場所,需要維持絕對的安靜,旅館是提供旅客休息的場所,保護旅客人身及財物的安全,為業者當然的職責,應為全體員工應有的認識與休養。

旅客本身對重要財物應自行妥善保管，旅館在大廳提供有保險櫃，設備較佳的旅館也會在客房內提供保險箱，而且在客房備有說明文件，請旅客注意本身財物，須妥善自行保管，倘有遺失，旅館不負賠償責任。但負責管理客房的責管單位，有責任防範外來的侵害，是必須努力的方向。

　　尚有較竊盜更嚴重的強盜事件發生在客房內，再列舉五件真實的事例藉供研究。

個案研究

客房強盜案之一

　　舉述旅館客房的強盜案件。

　　暴力性的財物犯罪發生在旅館內，事屬非常，和下一個案例兩案均發生在同一家五星級觀光飯店內，所幸該旅館安全設備佳，服務人員警覺性高，兩案均當場查獲，深獲警察、治安機關的讚揚，並給予鼓勵。

　　時值夏季，天氣炎熱，已經是午夜十二時以後，旅館大廳靜悄悄的，人已不多，一位年輕貌美的少婦著迷你短褲坐在大廳沙發抽菸，適在此時，從外面走進來兩個年紀很輕，約十八、十九歲的年輕人，皮膚黑、身材瘦，那少婦剛好站起來，迎著他二人，好像很有默契地同時走向電梯，又同時搭上同一電梯，同在八樓出電梯，當她進入房間時，前腳進，那二位年輕人後面就跟著進來，少婦很鎮靜地告訴他們：「想幹什麼？我丈夫就睡在床上。」兩少年迅速退出，慌慌張張地撞在一起，這個情況，恰巧被閉路電視監控人員捕捉到，因時已深夜，立即以對講機呼叫安全人員至八樓，卻無所發現，此二人已搭電

梯至十二樓，按十二樓×號房門，開門的竟然是一位赤裸裸的女人，就像是為他二人準備好一樣，到底發生什麼事？不說也該明白了，該二人將其輪暴後並推進浴室，用水為其沖洗後，以攜帶的電器用訊號線，將女的雙手捆綁在水龍頭上，再把房間的一只手提箱劫走，當他兩人離開房間後，該女子已經掙脫開來，立即拿起電話以顫抖的聲音告訴總機小姐，有兩個年輕人強暴……。總機小姐鎮靜機警，因先前曾聽見監控室呼叫安全人員，逐層尋覓兩年輕人的事，所以沒聽完該女子的哭訴，就立刻通報警衛室與閉路電視監控室，監控室這時也發現兩年輕人提著手提箱等候電梯，立即呼叫安全人員在電梯門口等待，兩年輕人剛出電梯，就被安全人員手到擒來，並從他倆身上各拿出尖刀一把，迅即電告管轄派出所，將兩人逮捕。

受害婦女是桃園人，與房客泰國華僑是多年的朋友，他每次來台，都是找她陪宿，這次他來台後的第一天，先找來另一位小姐陪宿一夜，她第二天才來。沒想到，深夜十一時許，先前那位小姐又打電話到房間找他，他本來不想再去跟她見面，是她勸他去見見面、喝杯咖啡。在他離房後，她自己就先洗澡，所以沒穿衣服就躺在床上，客房門鈴一響，還以為是他回來，結果就被此兩人輪暴，還推進浴室，用冷水淋濕，又冷又怕，雙手還被栓在水龍頭上，由於是粗的電線，因此很快就掙脫了，但不敢動，待他們離開房間很快就衝出浴室，打電話給總機，話還沒說完，總機就說知道了。

此兩歹徒來自印尼，一名十九歲，剪平頭，家人送他來台念書，已申請某專科學校，且已辦妥入學手續準備就學，另一名則是他在印尼的同伴，二人均曾在印尼犯下搶劫案件為避禍匿台。當天兩人喝完一打啤酒後，帶著醉意尋找下手對象，蓄平頭的年輕人因曾隨其母來這家旅館住過，也就住十二樓×號房，這就是他何以會選擇十二樓那間房按下門鈴的原因，也就有那麼巧合的事，該房間男客人不在房

間，而女客人是赤裸裸地打開房門。幸好，該旅館安全工作部署嚴密，如果該兩歹徒得手後逸去，以兩個居住印尼的華僑在台犯案，毫無線索可以偵查，又是一件嚴重的旅館搶劫、強暴案懸而難破。

客房強盜案之二

三十多歲的計程車司機，據其自稱因其妻被日本人誘拐，心存憤恨，專門在旅館內搶劫日本人財物，用以洩憤。該司機左腿微瘸，據稱曾患小兒麻痺，但看來身體強壯、孔武有力的樣子，這次落網前，曾多次在另一家旅館搶劫日本人，並有一次與日本旅客在客房樓層發生鬥毆的情形，都沒有被發現，所以愈來愈膽大，終至於惡貫滿盈被查獲。

這次也是旅館閉路電視監控室立下的功勞，有經驗的監控室小姐從攝影鏡頭看見他提著一只手提袋，跟隨一對日本老年夫婦，女的在前，男的在後，女的打開房門先進房，男的跟著要進門時，該跛腳男子也想擠進去，隨之被推出來，房門就關起來，該跛腳男子倒在地上，爬起來時，手上多了一把像是刀的東西，立刻引起安全人員注意。畫面顯示在某一樓層有這個可疑男子，穿著夾克，手裡有個提袋，還像拿著一把菜刀，約一百七十公分高，七十公斤重，安全人員將錄影鏡頭鎖定他，見他進入電梯後，就把電梯鎖住，定在該樓層，待安全領班偕安全人員二人到達該樓層後，才打開電梯。安全人員進入電梯，隨著該跛腳男子一同下到一樓後，才逮捕該男子，也拿出他已藏好的刀，輕易破獲了這起搶劫案件。

該跛腳搶匪隨著日本夫婦進入房間，幸好是男客人在後面，回頭發現該男子手持刀械，就毫不考慮地把他推出去，迅即把房門關起來。雖然有點驚駭，幸好旅館安全工作很嚴密，很快就發現，處理得很妥當。

房客疑遭搶劫案

　　因暴力性犯罪在觀光旅館內發生，影響社會治安頗鉅，警察機關異常重視，特舉述一則發生在某觀光旅館的案例，藉供研討。

　　美籍旅客，身高體壯，大約五十歲上下，不知在何處將臉龐擦傷約二公分大小，本人似未發覺，又再去旅館內一樓酒吧續飲，並曾向酒吧服務員詢問當地有哪些酒廊，位在何處。酒吧服務員以專用便條紙寫了兩家酒吧的地址交給他，隨後見其與一長髮女郎勾搭上手，相偕離去。第二天，起床從鏡子裡發現臉部擦傷，放置在書桌上的皮夾中少了一百美元，又多了半包香菸，不是自己使用的牌子；於是他直覺地認為有人侵入他的房間打傷他並搶走他一百美元，還遭留下半包香菸。他向客房服務員抱怨，服務員一聽，立即向主管報告，該主管不敢隱瞞，趕快報告安全室，安全主管認為責任重大，聯絡客務部組成處理小組，前往客房訪問進行了解。當進入該房間後，隨即在浴室看見一只玻璃杯邊緣上留有鮮艷口紅痕跡，顯然曾有女人進入，又在書桌上發現酒吧便條紙，證明他曾去過一樓酒吧，但當詢問他是否有女郎留宿，他卻不承認，也不承認去過一樓酒吧，便條紙從何而來也說不知道，堅稱被人打傷，只說曾去他處飲酒後回旅館睡覺，其他一切均不記得。經向一樓酒吧求證，獲知該美籍旅客到酒吧時確已有傷，及詢問本地酒廊位置，有便條紙交給他，及與一長髮女子相偕離去等等。該客人當天離去，但在國際機場候機時，仍將不是事實的情狀，向他人描述，又恰巧被一晚報記者聽見，未經查證就刊出這起搶劫案新聞，翌日，為警察機關閱報獲知，前往調查，經設法尋得該長髮女子，才得以證實該老美的謊言。

綜合分析

　　據警方刑案紀錄，發生於旅館客房內的搶劫案件雖為數不多，但

卻不易破獲，皆因受害者均係外籍旅客，在國境內逗留時間短暫，無法查獲證據。以前述兩案為例，若非當場人贓俱獲，如事過境遷，亦無法追究，所幸旅館安全設施完備，監控室發揮高度效能，尤其第二案，歹徒侵入客房被客人強力推出，究因左腿微瘸，以致重心不穩倒地，才被監控員發覺，並發現其手攜刀械，機警地將其鎖在電梯裡，再呼叫安全人員手到擒來。

　　另外一案則全係烏龍，實無法了解該美籍旅客何以要編造故事，是否為掩蓋其臉部因醉酒擦傷之故。

思考方向與訓練

　　強盜搶劫為暴力性犯罪，較偷竊之乘人不備，對安全的威脅尤其嚴重，豈能等閒視之，由此亦可見旅館安全的重要性；樓層的管理單位、安全室巡邏人員固當時刻警惕，中央監控人員從閉路電視的鏡頭裡如何發現可疑情況與可疑人物，盡可能發揮器材的最大效能，更須多予研究磨練。

客房樓層女郎裸奔

　　於連續舉述客房樓層的竊盜、強盜案後，再敘述一則尤可說明旅館的多樣化和複雜性。旅館裡有許多光怪陸離的故事，加強安全管理，有其必要性。

　　凌晨二時許，在客房黯淡的燈光下，監控中心從閉路電視中發現有一女子在樓層徘徊，好像穿著白色緊身衣服，姿態曼妙地漫步著，令人汗毛直豎。經仔細觀察，確定是人體無誤，才呼叫安全人員前往察看；安全人員趕往一看，驚嚇得不知所措，她一絲不掛，像一尊石膏美人像，這名安全人員先把披在身上的大衣，交給她穿在身上，再問她是哪間客房的，她搖搖頭。安全人員只得把她帶到警衛室，她毫無羞意，但警衛室狹窄，又盡是壯男，全都難為情起來。

她不記得從哪間房出來的，時已深夜，也不可能每間房去問，除了先找衣服為她遮羞、保暖外，也只有等待天明後再說。還好，在晨間五時許，就有位美籍客人以電話向大廳經理探詢，告知原來她是在某間房，衣鞋皆在，即刻送她回去。世事真奇妙，安全人員負責取締色情，素來是把色情女郎往外攆，從來未曾也不敢把色情女郎送到客人房間，但真是萬不得已。

原來她是這名客人從酒廊帶回，入房後再服下迷幻藥物，她入浴後應左轉，卻迷迷糊糊的右轉打開房門走向走道，也不記得是從哪間房出來的，所以在走廊上徘徊。

分析

該女子離開房間後，那位美籍男子就未能再入眠，一夜緊張不安。據稱一度春風、該女子進入浴室後，就未再見人影，衣服、鞋襪、皮包全部留在房內，夜半三更，又不便向旅館查問，一直盼到微露曙光，才敢向大廳值勤查問。其時，夜間經理與其他值班人員以及安全人員，也正為這件奇事而不知所措，總不能每間房都去查問吧！直到該名客人打來的電話，才如釋重負地把該女子送進客房，而她仍然不為所動，對幫助她的人，也沒有一句道謝的話。

思考方向與訓練

觀光旅館不容許色情氾濫，但也無法杜絕色情滲入，如本案情形，旅客從酒廊攜來女伴，也只能視而不見，遇到此等情形，還是得給予協助。

幫助色情女郎事件

另一則發生在觀光旅館，也是由旅館安全人員幫助色情女郎的事件，故事的發展頗堪玩味，安全人員處理本案的立場應該是正確的。

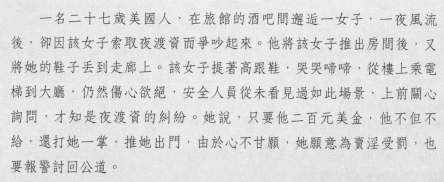

　　一名二十七歲美國人，在旅館的酒吧間邂逅一女子，一夜風流後，卻因該女子索取夜渡資而爭吵起來。他將該女子推出房間後，又將她的鞋子丟到走廊上。該女子提著高跟鞋，哭哭啼啼，從樓上乘電梯到大廳，仍然傷心欲絕，安全人員從未看見過如此場景，上前關心詢問，才知是夜渡資的糾紛。她說，只要他二百元美金，他不但不給，還打她一掌，推她出門，由於心不甘願，她願意為賣淫受罰，也要報警討回公道。

　　經協助其向外事警察報案，並找來了該名客人，他說兩人在酒吧相遇，一切都由她主動，不應該向他索取費用。透過外事警察向他說明，就是在美國也是要付錢的，他翻開口袋稱無現金，僅有一百二十美元。也好，她也只要這些錢，兩人達成協議，結束一場桃色糾紛。

分析

　　旅館安全人員本來很討厭色情女郎出沒在旅館四周，擾亂秩序，但卻同情該女子，代其向外事警察求援。

思考方向與訓練

　　同樣是色情事件，但因情況不同，處理方式也不相同。色情女郎常為旅館帶來困擾，安全人員討厭她們自是本分，她們的行為也不能同情，但在其遭遇痛苦時，幫助她也是人性。

　　色情販子及皮條客時常出沒在旅館內及周邊，可說無處不在、無孔不入，令人厭惡。從嚴正的立場以觀，他們的存在說明了環境的需要，否則也不會那麼猖獗。記得主管全國觀光旅遊事項的觀光局，曾邀集了全國各地五星級旅館的經營者與安全室主管，開會討論旅館內存在的色情問題，全都否定色情與旅館的依存關係，因為五星級旅館投資金額龐大，沒有任何投資人及經營者，願意讓色情在五星級旅館內氾濫。因為有很多高

級的旅客厭惡男女勾搭的場景，不雅觀、令人側目，旅館從業人員還常遭到旅客的抱怨。

色情販子可分為若干類，各有經營領域，互不干擾，有的專在門外、街道口向路過的人兜售，一天做上三、四個就有將近萬元的進帳，比起任何生意都強，一旦「下海」，就像吸毒成癮一樣再難收手。室內則有專在咖啡廳、酒吧活動的，高明一些的是先約好客人，拿照片先讓客人選擇。旅館的立場必須非常嚴正，如何加以約束，不流於氾濫，實非易事，但總有方法可循。

某次，發現有聰明的色情販子入住客房，經查證是由他人訂房登記，入夜後房間內竟然進進出出好些妙齡女郎，打扮入時，看不出一點風塵模樣，顯然是以客房為據點，在旅館內經營應召站，如任其所為，慢說是旅館當局不能容許，社會亦無法諒解。於慎重考慮後，先進行直接接觸，予以告誡。惟渠等似早已成竹在胸，根本不予理睬，幾乎無計可施，只得借用公權力，報請警方處理，但須取得確切證據始能控之於法，乃決定偽裝嫖客，召來女郎，先取得證據後，再由警方依法偵辦，遏制其不法。此足以說明旅館對色情活動嚴予干涉的嚴正立場，幫助色情女郎的個案，當從另外的角度來觀察。

二、所屬員工的安全管理

房務部的工作主要是管理客房，員工接觸旅客最密切，自然應以旅客的安全以及居住的安寧為主要職責，除應積極興利外，也應消極防弊，因員工接觸旅客的財物最近，所以員工操守也是要關心的。

有些事在無法求證的狀況下，不能很武斷地下判斷，但也不能因有所忌諱而不加論斷。有客人抱怨放在房間的財物有短少的情形，譬如說，一條香菸少一兩包，一包香菸會少幾支，一疊鈔票少一或二張等等情形，我們常解釋可能是客人自己忘記了，但當同時有好多客人都如此

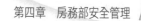

說，就不能不叫人懷疑是員工的操守出了問題，我們也曾發現有客務部的傳遞員利用進入客房送文件時，順手牽羊偷竊客人物件，但大多數是房務部本身應該檢討的。

例如曾發現房務部的臨時工有操守的問題，也曾發現離職員工的不軌行為；還有色情問題，是房務部最難推卸的責任。旅館色情因旅客的需要而無法根絕，惟應防止其氾濫，只要員工不涉入其中，問題都很單純，即或有其他部門員工涉入，而房務部員工不涉入，問題仍然單純，若房務部員工涉入，就很難管理，問題也更加複雜。

還有就是公有財物不能納入私有，旅館為因應旅客需要，凡家庭用品無一不備，旅館員工就該養成公物公用的習慣，不管是吃的、用的，旅館的用品都是較精緻的，不能私用，更不能攜帶回家，這是房務部員工必需的基本修養。

三、客房樓層各項消防設施的管理與運用

房務部幅員廣大，在其責任範圍內的各項消防設施，諸如消防栓、手提滅火機、各類型感知器等等，各級員工皆須有所認識並會使用，且要負責管理，如有缺損或破壞，均須隨時補充，隨時擦拭、保養，維護使其保持在堪用狀態。例如，手提滅火機應放在固定位置，消防栓內伸縮水帶是否摺疊掛妥，消防水瞄有無脫落，消防栓的指示燈是否正常，均須善盡管理的職責。

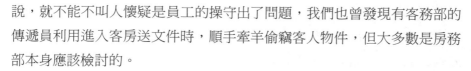

第二節　旅客異常狀況之處理

旅客宿店的動機應該是經商、旅遊、訪友，此所謂正常的目的；但也有從事政治活動，或是間諜活動者，若純粹從經營旅館的立場來說，也

算正常。所謂異常的情況，應該是以旅館為從事犯罪活動的主要場所或者是聯絡站，旅館從業人員雖無從加以干涉，卻不能不予注意，其原因除了旅館本身的利害關係外，也有社會和國家的責任。除假借旅館從事不正當活動，或有危害旅館利益、社會國家利益之虞，自然必須予以了解，並須切實掌握狀況，與有關單位聯繫。另外關於旅客重病或意外死亡，屬於緊急狀況，更須謹慎處理，依序將予以討論。

一、哪些是異常狀況？

1.進住後從未外出，三餐都在房內者。

2.早晚都掛牌不許打擾，也不願意讓房務人員整理者。

3.經常不出房間，訪客卻川流不息者。

4.行李中有電源線或其他電氣設備者。

5.卸下房間電話電源線者，或攜帶傳真機者。

6.年輕、單身又無行李的旅客，頻頻離房，不久又折返者。

7.在房間或浴室焚燒文件紙張者。

8.房間垃圾桶內及浴室馬桶水箱發現異常物品、文件，或是浴室腳墊下發現異物等。

舉例來說，曾有菲律賓某政治領袖化名來台，住五星級旅館一週，未曾步出房間，卻有來自美國的平面新聞記者專訪，待其返回菲律賓，在機場遭暗殺，一時轟動國際。

又如旅館曾在客房垃圾桶內發現犯罪計畫書，提供警方破獲一綁架案，亦曾在浴室腳墊下發現一小袋嗎啡，並曾根據可疑情狀從天花板上找到手槍。

旅館人員發現異常情況後，要迅速與安全主管聯絡，才不會貽誤時機，為重要關鍵；樓層服務員須注意保密，只能向房務部主管報告，房務部主管毋須另加判斷，應迅速向安全主管聯絡，由安全主管專業研判，如

事態緊急，樓層服務員亦可逕行向安全主管報告後再向直屬主管報告，因安全主管於採取任何措施以前，一定會與房務部主管聯繫。

 個案研究

客房內發現嗎啡

　　客房服務員清理浴室時，在地墊下發現一小紙包，打開來一看是一撮白粉，懷疑是嗎啡，因為治安機關從這間房裡逮捕一名香港旅客，迅即將這小紙包經由其主管轉送到安全室，安全室也立刻轉報治安機關立即派員前來了解，並製作該女性客房服務員筆錄，訊問發現經過，如獲至寶地感謝不已。因為所捕獲的這名香港毒販，是他們已經掌握了很久的嫌疑犯，並獲得訊息，他身上應藏有嗎啡，但經逮捕後卻無發現，沒查到他藏匿毒品的證據，正感困惑時，能查到他藏匿在浴室地墊下的毒品，真是樂事，也彌補了他們的疏忽，因逮捕當時，雖也曾搜索客房的各處角落，就是疏忽了浴室的地墊。

客房內發現歹徒犯罪計畫書

　　客房服務員在三位房客離去後清理房間，發現垃圾桶內揉成一團的信紙，是旅館提供給客人使用的，無意間打開一看，好像是計劃綁架的犯罪計畫書，便立即向房務部主管報告。安全室於獲知後共同研究，是一張街道簡圖，註明在何地埋伏、如何跟蹤對象、車子行駛方向、在何處押對象上車等等，共同判斷應該是計畫綁架，並據服務員告知，該三名男性房客均屬三十歲左右壯年，無法判斷其職業，乃迅速提供給警方參考，經警方部署偵查破獲一宗綁架案，安全救回人質。警方對該服務員的機警讚不絕口，並發給破案獎金，稱謝不已。

綜合分析

　　利用旅館客房從事非法活動，屢見不鮮，蓋因其隱密性高，不易為人發覺。過去曾發生新加坡籍旅客在客房詐賭，詐騙鉅金後，旋即他去，亦屬防不勝防，尤其短暫居留的旅客，或一夜留宿旋即離去，服務人員甚至尚未見過一面者，當然更無從了解。注意發掘可疑絕不是鼓勵窺探客人隱私，但基於維護安全的理由，亦當不能任非法活動潛存在旅館中。

思考方向與訓練

　　熱心公益的工作人員也必然是忠誠負責的最佳夥伴，甚至在工作的表現上足可為人表率，主管在工作考核上應該公正地予以拔擢，以鼓勵向善。忠誠是個人的修養，雖然不代表能完成工作的要求，但必須是一座標竿，勉勵共同向「忠誠」看齊，有所謂見賢思齊焉！

二、哪些是緊急狀況？

　　所謂緊急狀況，係指旅客發生急病，甚或發現已死亡，最先知情者不是樓層服務人員，就是大廳值勤，或者是由總機通報，皆不能慌亂而有所延誤，處理不慎，常是吃力而不討好的事。

(一)重病就醫

　　須通知駐店醫護人員先至客房探視，必要時尚須施以緊急救護，如給予氧氣罩或施行其他救護措施後再送醫院，如此事態，大廳值勤及安全人員均須到場支援，由安全人員召喚救護車，大廳值勤聯絡醫院，並偕同醫療人員隨護至醫院辦理相關手續。

(二)發現死亡

　　既已發現死亡，就不能再移動屍體，須保持現場完整，待司法檢

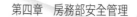

驗。惟是否確已死亡，須經醫生診斷，若經醫生判斷應緊急送醫者，須爭取時間，立即送醫，既已死亡者，由安全人員先向管轄派出所報案，同時向管轄分局刑事組聯絡，俾得爭取時間向當地法院檢察署報案。在檢察官尚未到達前，最先發現者及曾參與處理人員均須等待檢察官詢問，不能先行離開。若係本國人須設法通知死者家屬，如係外國人須通知其所屬國家駐台使領館人員到場。

三、樓層作業人員須與安全室保持密切聯繫

樓層作業人員專指房務部在樓層之工作人員，如各級領導幹部及樓層服務人員，其在樓層作業時，如何與安全單位就所發現之可疑狀況與安全單位建立默契，不需要文字、言語的溝通，就能了解彼此的需要。例如，觀察到流竄在各客房樓層的可疑人物，偶遇安全人員巡邏，可以不動聲色、僅憑眼神就能讓安全人員知道你需要支援；而在樓層走道的「電眼」監視中，樓層作業人員用何種手勢讓監控室人員了解你的需要，最好的訓練方法是讓樓層作業人員與安全室監控人員都能了解彼此的作業內容，並且能在相互觀摩學習中切磋。監控人員了解樓層作業的時間性、習慣性，樓層作業人員也能了解監控人員如何在靜態的環境中捕捉可疑或異乎常態的鏡頭，建立起雙方的溝通網絡，以發揮極高的配合效果。

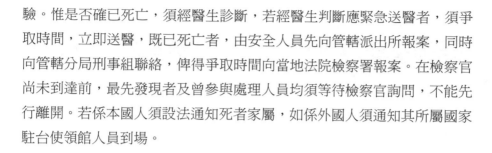

第三節　其　他

有些旅客明明知道自己身邊沒錢，而仍然要享受旅館的服務，以致發生積欠房租或企圖「跑帳」的不法行為，雖然表面上與房務部關係不是很密切，但如何配合相關單位進行討債，仍須有所了解。本節列舉幾則討債的故事，俾供研討。

個案研究

討債故事之一

　　故事發生在台北市某觀光飯店內。

　　一名美籍華人租用客房，積欠房租、電話費、洗衣費等共計新台幣四十餘萬元。是什麼緣故容許他積欠鉅資，原來是他進住時透過旅館財務主管訂房。一開始是兩個人，分住兩間房，使用另一人的金融卡，之後另一人已先離去，但仍使用他的金融卡，也因為是財務主管的關係，稽核人員才疏於注意，直到通知他結帳，他竟冒簽已離開那人的名字，才讓查帳的人警覺，便緊急催逼其結清帳款，發現他根本沒有能力付清帳款，最後無著落，始交給安全單位處理。安全單位受命後乃採取直接接觸的方法，告訴他未付清帳款前，只能在旅館內活動，不得離開旅館，並派人跟定他，以防其逃出，另向警方報告備案。為確保債權，假若為惡意脫債，也只好逮送警方，控告其惡意詐欺，但是，原則上還是希望能討回債務，若經警方移送法院，雖可論其刑責，四十多萬元的債款也就隨之消失。

　　他也感到事態嚴重，不停打電話向朋友求助，卻四處碰壁。根據事後了解，他有位胞弟在台北登記的是國際性律師，且擔任一家進出口貿易公司的董事長，有能力幫他，但他卻不直接尋求他弟弟，反而打電話給遠在美國的母親，可能是兄弟之間意見不和，但也從而知道，他弟弟是唯一可以為他解決問題的人。

　　約定三天結帳的期限到期，也知道他已約好律師、現職的警察朋友，準備硬闖，為了保護債權，站穩法律立場，找來律師，並向當地派出所求助。因對象是以美國護照登記，且向外事警察單位求助，也約齊了各方人士，當其偕同律師及友人硬闖時，於大門口攔住他，對

方律師出面說要控告旅館妨害自由，我們說是要保全債權，且律師和警方皆在場。於是雙方同往派出所理論，派出所主管先與兩位律師協商後，對方律師說願意和解，此時安全主管聲明是討債，欠債還錢，天經地義，若不還錢，將提出刑事控訴，不承認是和解的嚴正態度，對方於萬不得已情況下，才打電話向他弟弟求救，並把電話交到安全主管手上。

　　某董事長自我介紹後答應付帳，但不肯到派出所，約妥回旅館客房。某董事長依約親來旅館客房，先索閱了旅館帳單，確認了債務，要求一同去他公司，旅館方面由財務部稽核人員與客務部經理陪同安全室經理共同前往，這時某董事長辦公室出現了似乎是「白道」的人士，經介紹說是某某官員的侍從，安全主管再次表明嚴正態度，該等人士於了解情況後，準備離去時，安全主管則嚴詞詢問該等人士，若是受託前來，則須為此事作證，待問題解決，該董事長才表示將立即開出支票，安全主管以不信任態度，要求至派出所處理，最後協議由在場人士共同簽下協議，開出當日支票，並在第二天上午銀行開門後兌換現金，結束了一場討債糾紛。

分析

　　為什麼會讓他積欠鉅額帳款？因為是財務主管代訂房間，又是使用金卡，以致發生疏忽，這是一次很好的經驗。所謂討債，是為了維護旅館財產不遭受惡意損害的法律行為，是正當而合法的，了解到該當事人有胞弟為國際性律師，且設有公司、身為董事長後，即肯定了這筆債務不致落空。但當事人不直接向其弟求援，似有所顧忌，迫不得已，才在派出所內用電話向弟弟求救，其弟似乎也早有預感，很快就答應償債，但於抵達該公司後，仍然擺出白道的姿態，希望能獲得外援，最終於萬般無奈下，才代付鉅款。

　　該當事人旅居美國，以美國籍旅客身分入境，其所以投宿觀光

旅館，不惜花費大筆費用，是為開展美國的房地產生意，來台招募投資，未料人謀不臧，不能如願，才落得如此下場，明知無錢付帳，仍然租住旅館，是構成詐欺的不法行為，扭送管轄警察機關移送法院，立即以現行犯，有逃亡之虞的理由收押，但是，目的只是要不受損失，既已付帳，也就再無其他責任。

思考方向與訓練

旅客在無任何擔保的情況下預付房租，理所當然，櫃台會計人員對旅客付房租的情況，須確實掌握才不至於遭受損失。本案所示，當事人何以能積欠如此鉅大款項，各級財務人員應切實檢討。

討債故事之二

一名大約二十多歲，來自香港的青年，是溫文儒雅的典型。付了一夜的房租，卻住了三天，加上每天用餐的帳款為數也可觀了。安全人員與其接觸後，告訴他如不能付清帳款，將有詐欺刑責，報警移送法院，他也知道已經無法推卸責任，要求陪他去拿錢。安全人員陪著他前往一家貿易公司，稱該公司負責人為「伯父」，其伯父於明白事故原委後，堅決表示不願承擔。據其伯父說，這名青年遊手好閒、好吃懶做，其父促其來台，希望他能謀得正當職業，重新振作，幫他安置了住家，為他治裝，哪知他正事不做，仍到處招搖撞騙。我們告訴他，如果不能清償債務將負詐欺刑責。他說：要讓青年吃點苦頭。該青年要求打電話給在香港的父親，他父親也要其伯父幫助他，但他伯父終不為所動，只好帶他去派出所，做完筆錄轉送分局刑事組，覆訊後移送地檢署，因係現行犯，經警方解送法院後，即遭收押，據悉：判刑七個月。

分析

　　仍然是櫃台出納有所疏漏，這名青年只預付了一夜房租，而住了三天，這三天當中都以房客的身分在餐廳消費，每日三餐，甚至消夜，已累積了可觀的數字，到準備開溜時才被發覺。雖然把他送到法院判刑，蹲苦牢，但旅館的損失卻無法彌補，僅又多一次經驗而已。

思考方向與訓練

　　該年輕男子來自香港，如此惡行很可能行之有年，我們的態度是：在既已無法收回債務，就該嚴正控之於法，讓他受到應受的懲罰。

　　此外，櫃台會計須建立制度，每位工作人員在當班之夜，就應檢討一次旅客住房記錄，是否有預付住房費用漏失之處，絕不許有所遺漏。

討債故事之三

　　一名自美來台的舞孃，住進旅館一週，只付清一天帳款，經查代訂房間的人是個所謂演藝界的經紀人，已經找不到下落，乃直接與該舞孃接觸，才了解其境況堪憐。當時本地的歌舞廳蓬勃發展，生意興隆，脫衣舞、艷舞，無往不利，國外的歌舞女郎也來台淘金，該女子即是透過所謂經紀人由美國前來台灣，要能提高身價，就住進五星級觀光旅館，但不知是何緣故，遲遲未能安排上檔，而每日吃住所費不貲，更何況她除了來回機票外，已然是身無分文，我們考慮了最好的解決方案，就是將情形報請警方，解送她出境，否則要是落在歹徒手裡，還不知道是何下場。

分析

　　美籍舞孃來台淘金，應該不只是一個人，可惡的是所謂的經紀

人，無利可圖時即避而不見，旅館也莫可奈何，是另一類的欠款事件，該美籍舞孃也是受害人，迫不得已。

思考方向與訓練

在處理上應有所不同，惡性的賴債或企圖白吃白住的人應受到法律的制裁，要送到管轄派出所移送分局刑事組，再移送法院地檢署。本案之美籍舞孃是受害者，積欠房費實不得已，若送去派出所，警方在處理上也有困擾，所以直接向警察外事單位請求支援，以驅逐出境方式送她回美國。

Chapter

餐飲部安全管理

　　旅館為因應旅客用餐的方便，始有餐飲設施，再因市場的需要，旅館餐飲遂成為特殊消費文化，但餐飲顧客卻與旅客的需求有所不同。對餐飲顧客的安全照顧，除消防任務外，是以客人的財物為主。雖然也有生命、身體安全的問題，但就餐飲部門來說，不似客、房兩部門的職責重大。

　　關於客人生命、身體安全問題，也因食物衛生、酗酒、摔跤等而肇致糾紛，曾在盛果汁的玻璃杯中被客人發覺有碎玻璃，因此要求賠償，也有在魚翅湯盅中被客人發現釘書針。曾有客人因酗酒而猝發心臟病送醫不治，其家屬竟責難是出菜太慢；或因地滑摔跤等莫須有的情狀，形成糾紛。時有在宴飲中興奮過度而暈昏，因多有親友陪同，只須協助召喚救護車而已，不像客房旅客的重病或死亡事件。

　　餐飲部門的安全管理，通常以消防與防竊為討論重點。關於消防管理，俟後面專章討論，本章以防竊為主。

第一節　任務與編組

　　旅館的餐廳本來應該是為旅客而設的，但都市的消費習慣，已將旅館的餐廳視為酬酢的場所，於是，竊賊也就發展到旅館的餐飲場所；更由於容易得手，所得又豐厚，所以旅館餐廳的竊盜問題，遂有愈來愈嚴重的趨勢。

　　旅館的餐飲場所是公眾得出入的場所，客人應該照顧好自己的財物，倘因被竊而有損失，與旅館應無絕對關係，但會影響營業，妨害旅館聲譽。一般人有所損失，總不願意承認是自己的疏失，首先都是懷疑餐廳的服務人員，甚而說是內神通外鬼，再來就是抱怨旅館內何以會有竊賊，更何況迭次發生，不只使警方疲於奔命，又因無線索可以破案，也對旅館施加壓力，希望能加強防範。旅館經營者把餐廳竊案視為安全工作的

重點，有其必然的原因，餐廳的管理者應肩負防竊任務，亦是當然的職責。

一、地區責任制度的建立

餐飲部門所轄範圍較房務部尤大，餐廳的類別又多，員工素質參差不齊；尤有甚者，員工流動率大，管理困難。客人財物遭竊時，原因多為客人自己沒有照顧好，雖然在公共場所，財物損失是客人自己的事，殊不知經常發生失竊事件，旅館雖非當事人，卻使旅館聲譽受損，致使員工常遭不白之冤，況且只要用心、認真檢討，防患於未然，也不是難事。首先須確定自己的責任，研究防範之道，並確定責任區制度，只要在自己責任區內，員工上下一心，建立共識，不使其發生失竊情事，是能夠做得到的。

二、任務編組

(一)房間部

每個房間為一個防護組，由領班或資深服務員負責指揮聯繫，無論有幾桌客人，均為一組，重點在散席、主人送客的時間，責任時間則由客人到達時起，至客人結帳離去為止。

(二)各餐廳小吃部、咖啡廳、酒吧、宴會廳、自助餐廳

因為是開放式的，範圍大而座位間隔距離小，容量大而客人多，最易為竊賊所乘，需要採取小範圍的編組，分別賦予防竊的任務。下節將分別詳細規劃。

第二節　各餐廳具體的防竊措施

　　按餐廳營業方式，將其分類為開放式及房間式，以便於說明。開放式者，如咖啡廳、酒吧、比薩吧、各餐廳小吃部；房間式者，是各有獨立門戶可擺放一或數桌者。發生竊案，自然是以開放式者較多，房間式的營業場所雖然比較隱密，但仍常發生客人遭竊事故，不過還是有防範方法，茲分別說明於下。

一、咖啡廳的具體防竊措施

　　咖啡廳是發生竊案事故最多的場所，由於範圍較大、比較大眾化、座位密集等諸多原因，竊盜問題嚴重，造成經營單位莫大困擾。尤其是自助餐的營業時間，客人將衣物、提袋放在座椅上離座取菜，給宵小可乘之機。經分析研究，此類竊賊皆單獨一人，或假借找人，穿梭在客人座次間，尋找機會；也有扮作顧客，單獨坐在視野遼闊區域，在其準備下手以前，為便於得手後脫離現場，一定先買單。前述任務編組互相呼應即可發揮作用，注意此類客人，須同一服務區的人員都能密切注視此類客人，當他發覺到自身的安全有顧慮時，他會知難而退，快速離去。設若要為己立功，可以先不予理會，待其將獵物拿到手之後，當場予以逮捕，來個人贓俱獲。曾有過成功案例，後面會詳述。

　　竊賊每藉找朋友為詞，在廳內徘徊，遇到這種情況服務員要用服務的語氣，趨前詢問：「請問，有幾位？」他要就不理，不答覆，要就會說：「找人。」你需要盯著他。假若又因必須為其他顧客服務，沒時間盯他的話，你該用眼神知會領班，將此情況交給領班，由他繼續監視，對方會發現你們已經注意到他，就會很快離去。大家都能留心注意的話，經常出現的都是些老面孔，必要時就通報安全人員，由他們全面監視著，或藉機盤詰。

小區域的防竊措施，通常應用在大面積的餐廳，如咖啡廳，指將領班和服務員分配為一個服務區，若一個服務員照顧四個桌面，集數個服務區為一大服務區，由領班負責聯絡，相互支援。咖啡廳總領班或主任須站立在較高可照顧全面的地方，環顧四周，了解全面的服務情形，也順便照顧安全措施，若沒有這樣一處可以觀察全面的地方，則應該往來逡巡，為了服務顧客也是主管所必需的措施。

　　本節之末，列舉數則咖啡廳失竊案，和一些曾經發生過與安全有關的事故，藉供參考。

個案研究

咖啡廳竊案之一

　　本案發生在台北市某五星級觀光飯店。

　　母女二人穿戴高雅，母親五十多歲，其女三十歲左右，於咖啡廳早餐時間享用自助餐。母親的皮包就放在空著的椅子上，距離三張桌面外坐有一老者，六十多歲，體微胖，圓臉，手腕上戴著名錶，頸上掛著黃金項鍊，白襯衫、灰長褲，腳上皮鞋亮得發光，面團團如富家翁。他乘那對母女同時站起來去補菜的時候，左手提著西裝上衣的衣領，走到那對母女的餐桌前，四周觀察，一發現咖啡廳好像有位領班站在很遠的地方注視著他，所以未敢下手，又回到座位，繼續等待機會。

　　未料那位領班訓練有素，早就發現他的一些可疑之處，如吃得不多，早早就買單但不離去，用雙手撐著脖子，四周觀望，一副悠閒的樣子。該領班早就盯上他，無論走到哪個方向、無論有多忙，視線都未離開過他，所以在他站起來走近那對母女的桌邊，準備下手時，領班不禁呼吸加速，心跳急促，更機警地把自己藏到他不能看見的地

方，不再做服務的事，像捕狩獵物似的，專心盯著他。只見他以眼角餘光掃向四周，確定沒有人注意他時，再次站起來，仍然拎著上衣，走近那對母女桌旁，她兩人又去補菜，於是迅速地用上衣裏著那只他覬覦已久的皮包，正準備從咖啡廳側門逃逸時，該領班忍不住手心流汗，三步併作二步，奔向他並抓住了他。他還想掙扎，其他同事一擁而上，輕輕鬆鬆地人贓俱獲，那對母女才知道適才像電影的過程，她們成了劇中主角。

據這名母親表示，她一早就來陪她女兒用早餐，女兒自國外返國，很快又將離去，她是教書的，遠從其他縣市來，光是那只皮包就很值錢，皮包裡有首飾、現鈔，假若被竊，損失超過六位數字，不時表達對該旅館及該領班感激不盡。案經安全單位聯絡管轄派出所及警察分局刑事組，先告訴他們現場逮獲到竊賊，也是興奮不已，即刻來人處理，原來該竊賊是一前科累累的慣竊，是「跑檯子的祖師爺」，絕沒想到會栽在一個餐廳的領班身上。

咖啡廳竊案之二

這是台北市另一家觀光旅館發生的事。

中年夫婦二人，經商有成，請二位美國的客戶在咖啡廳用午餐，兩位客戶要在下午一時三十分往國際機場搭機返國，為了便於控制時間，所以選用西式自助餐。四個人選了靠牆壁的位置，離菜檯也不很遠，應該是最恰當的位置，殊不知竟為竊賊所乘，損失不貲，且差一點就耽誤了這兩位客戶的行程。據那位太太說，她一直很小心，每次離開座位去補菜時，皮包都未離手，本已用完餐，可以先離去，但考慮到往機場的時間還早，於是起身再去拿杯飲料，心想很快就回來，便把皮包放在座位靠牆壁的地方，她先生本來坐在外側，也起身去拿菜，就在這空檔時間，她的皮包遭竊。她驚呼一聲，服務生立即過

來。服務生表示，剛剛看到一個男子走過來，坐在他們的鄰桌，於是她轉身去拿水杯，準備送到桌上，但當回過身來，已不見該男子，接著就聽見她的驚呼，前後不過十幾秒鐘的時間。

找了安全人員處理，失主要求即時封鎖所有出口，男人拿著皮包應很容易發現，可以找到歹徒。安全人員則說，公共場所不可能全面封鎖，被害人不能接受，為免影響搭機時間，先送客人到機場後再返回處理。據她說，公司的印鑑、鑰匙、家裡的鑰匙、身分證、印鑑、銀行存摺、提款卡、金融卡等等全部放在皮包裡，已分別辦好掛失止付的手續，旅館的專業處理人員除了協助報警，請來警方人員了解情況、製作筆錄外，其他一點忙都幫不上。因此她對旅館安全人員多有抱怨，尤其未能即刻封鎖出入門戶，錯失擒賊機會，經向她解釋，竊賊不會拿著女人皮包行走，一定會有遮掩的東西，才為其諒解。

咖啡廳竊案之三

某銀行董事長親自到咖啡廳尋找他失落的皮夾，因不得要領，異常憤怒，撂下了狠話，憤憤地離去，咖啡廳主管陪同安全主管前往銀行拜訪致歉。據這名董事長表示，在咖啡廳用自助式早餐，四個人分坐四方，本來想請兩位國外客戶午餐，但客戶須在中午前離去，只好偕同放款部經理請他們用早餐，待返回辦公室才發覺放在上衣口袋裡的皮夾不翼而飛，由於只到過旅館咖啡廳，往來都坐自己的車，不可能丟在別的地方；我們告訴他曾經尋找過，但沒有發現，可能是遭竊，他肯定地說：那不可能！他說，只看見咖啡廳的服務人員在桌子周邊走動，沒有看見其他的人。他並未明說最有可能的是服務人員，在問明了他是把上衣掛在椅背上，曾多次起身往菜檯拿菜，進餐時間約四十分鐘，於是，安全主管也把西裝上衣脫下，放在椅背上，將身體靠近椅子，伸手到上衣口袋拿出皮夾，不需要彎腰，輕易就讓皮夾

到手，董事長才相信那是可能的。但事件是發生在旅館，館方當然要表示歉意，董事長頗為諒解地說：「皮夾裡沒有貴重物品，大約有美金百元，台幣數百元、身分證，還有球場貴賓卡，既然是自己不小心，就當作是多了一次經驗。」

咖啡廳竊案之四

某日下午，四名顧客在咖啡廳啜飲咖啡，均將上衣掛在椅背上，鄰座一客人也是把西裝上衣掛在椅背上，兩張餐桌緊靠著，椅子背靠背，間隔不足二十米，獨坐的客人彎過手掏口袋，卻掏到別人的上衣裡，將別人的皮夾拿到手。可能就因為手還是短了一些，到手的皮夾掉在地毯上了，恰巧被經過的女服務員看見，側目看著這位掏人家口袋的人，尚未開口說話，他竟於褲袋中拿出彈簧刀，把刀鋒彈出來。該女服務生嚇得腿軟，迅速離開，噤若寒蟬，但仍不忘將地毯上的皮夾向前踢開，為另一服務員拾起來還給客人，他還莫名其妙，不知道衣袋裡的皮夾何以會自己跳出來。待那位拿刀嚇人的客人離去後，該女服務員才敢把當時的情況告訴領班，再向安全室報備，安全人員詢明該名嫌犯衣著相貌後，於各場所巡視未獲，錯失了逮獲該竊賊的機會。

咖啡廳竊案之五

三位女大學生中午時間一同在咖啡廳用自助餐，當時是下雨天，她們撐著傘進來後，把傘和皮包放在餐桌下面，沒有放在另一張空椅上。因為自助餐要自己到餐檯上拿菜，必須離開桌位，所以她們便小心的，每次都是兩個人起身離位去拿菜，留一個人看守座位，就害怕放在桌子下的皮包失竊。可是，當她們用完餐要買單準備離去時，竟然發現三個皮包少了一只，完全不曉得是在何時何種情況下被何人

拿去的，立刻向咖啡廳的人員抱怨，也是一樣莫名其妙，安全人員到達，同樣莫知所以。惟據其中一位曾經單獨留守的女學生說，她在等待期間，曾經聚精會神地看書，但也只有幾分鐘而已，但令人想不透的是，要能拿到地毯上的皮包，一定得接近其所坐的餐桌，而且一定要彎下腰才能伸手拿到，難道就不怕前後左右的人看到嗎？沒有人能解釋這個疑團，唯有那位竊賊。

綜合分析

舉述五案不同的行竊模式，藉供研究：

1. 第一個案例是防竊成功的案例，咖啡廳領班已完全掌握防竊要領。首先發現竊賊偽裝成顧客，先買單後久久不離去，待其尋得下手目標後，第一次接近獵物，準備下手時，發現有人在注意他，就回到座位，使這名領班更加確認其為竊賊，乃隱藏起來，並繼續暗中盯著他。該竊賊果真是賊運不佳，第二次接近目標雖下手竊得皮包，哪曉得該領班其實正等著他得手後才追跑過去擒牢他，如此才符合法定要件，否則竊賊可以不承認，最多是竊盜未遂而已。

2. 第二個案例可看出竊賊在選定目標後，行動是如何快速，僅僅十多秒鐘就完成了。但在尋找目標物下手之前時間較為漫長，可惜沒有人看見他用什麼東西掩蓋獵物——女用大型皮包，推測最可能的是利用上衣。

3. 某銀行董事長將西裝上衣掛在椅背上，共同用餐的四個人都曾離開座位，竊賊經過其椅旁，不須彎腰，就能從其口袋裡掏走皮夾。當然是徘徊在餐廳裡假裝找朋友的竊賊所為，小區域的任務編組是最好的遏制方法。

4. 第四個案例是鄰座反手掏走後面椅背上衣內的皮夾，為服務人員發現，服務人員竟不敢聲張，可見防竊任務小組的默契不

夠。

5.第五個案例中三位女子共餐,其中兩人離座拿菜,一人留在座位上看管衣物,放在地毯上的東西竟然讓人拿走,簡直是防不勝防,也許就是鄰座的人。要是第一個案中的領班,或許能夠及早發覺有可疑人物。

思考方向與訓練

　　從第一個案例應該很明白地獲知,竊盜案是可以防範的。除這一成功的案例外,咖啡廳也曾發現一些熟識的面孔前來徘徊,最後都因服務人員緊盯不放而離去。小區域的任務編組是遏制竊案的良方,小組內成員以及小組與小組之間的默契須加強訓練,咖啡廳總領班或主任要能協調聯繫,建立起一道防竊的安全網,竊賊自然會知難而退。

二、酒吧或比薩吧的具體防竊措施

　　因營業範圍較窄,宵小活動不易,但竊案仍時有所聞,必須特別注意。在營業範圍內絕對不能另設掛衣架等類用具,曾有客人將上衣掛在臨桌的掛衣架上,另一人進門後也隨意將上衣掛在同一架上,偽裝尋人,瞬間取衣離去,客人口袋中的皮夾就到竊賊口袋裡了。很多痛苦經驗是可以借鏡的,千萬不要認為營業範圍不大,不至於發生問題,殊不知稍微大意,就有可能給竊賊製造了機會。

　　吧台的座位因數量有限,但常為色情女郎提供活動的機會,一樣會帶來災害。不要誤以為色情能增添營業氣氛,卻常因小失大,因為外籍旅客為解旅途寂寞,就愛酒後有女陪伴,但也常有困擾,旅館內的酒吧不應為此而降低身價。

三、餐廳小吃部的具體防竊措施

各餐廳小吃部也屬開放式,同樣有宵小光顧,稍有不慎,便為其所乘。客人大多圍坐聊天,男女隨身攜帶的皮包習慣放在背後椅上,身體趨前,竊賊就乘機從身後偷走皮包。餐廳人群一向出入頻繁,還敢如此大膽拿走身後皮包,又多次發生,咸認為餐廳服務人員嫌疑最大,甚至連該餐廳經理也不信任自己的部屬,殊不知此類竊賊屬於跑檯子的類型,膽大心細,經驗豐富,都是乘人最不注意的時候下手。防範之道,只有縮小服務圈、相互呼應的任務編組法可以克服。假若一個人照顧四個桌面,要了解四個桌面的客人,當你必須離開服務區時,其他最近的服務人員要能幫你照顧,而餐廳主管要全面照顧,隨時呼應無人照顧的服務區。有嚴密的服務網,服務周密,將注意力擴及到防竊任務,是最有效果的方法,尤其在粵式飲茶餐廳,最需要此一方法,也要仿照咖啡廳對徘徊在廳內藉詞尋人的單客密切注意。若發現一些老面孔,必要時應立即通知安全人員予以跟監。

個案研究

餐廳竊案之一

地點在北市某客房數最多、營業額最高的觀光飯店。

事件發生在設備豪華的餐廳裡,可設下六桌的大廳,常有「滿漢全席」的地方。一對紀念金婚的老夫婦,於該餐廳宴請親友,因為不受禮所以未於餐廳門口設禮台,但也要求擺了一張小桌面在門口,鋪上紅桌面,供來賓簽名,並放有一盒盒的壽桃,專設一位約四十歲的婦女在招呼客人,也有客人將皮包託她看管,全放在她身後的椅子上。餐廳裡掛著「囍」的霓虹燈,播放著象徵喜慶的國樂。宴會的尾

聲，賓客都圍著這對「老新郎、老新娘」在「囍」字霓虹燈下留影，好不熱鬧。在這樣充滿喜慶的熱烈氣氛中，突然自門口簽名台走來一中年婦女，對該照顧簽名台的女子說：「去照相呀！我幫妳看著。」她毫不懷疑地就離開那極重要的責任區，也跑去跟主人照相，事後她說，還以為那中年婦女是餐廳的服務人員，而且，與照相的位置相距不遠，沒有考慮到安全問題，就在她離開的剎那間，為人看管的皮包竟然少了兩只。宴會結束後，寄放皮包的人來取皮包才發現，還認為竊走皮包的是餐廳服務人員，經過一再說明，旅館的服務人員一定穿著規定的制服，而且在胸口戴著名牌，才解釋了誤會。

餐廳竊案之二

同樣的餐廳，某大旅行社的女經理陪同日本旅客來台享用著名的「滿漢全席」。兩桌客人酒足飯飽，非常滿足地暫時離桌，分別前往餐廳旁的洗手間輕鬆一下的時候，該女經理也歡愉地站起來與進進出出的客人攀談著。此時從外面走進來一位衣著整齊、態度雍容的中年男人，也與那些日本人打著招呼，就與該女經理聊起來，並坐在餐廳的中式太師椅上，該女經理也隔著茶几坐在另一張椅子上，恰巧餐廳裡的電話鈴響，餐廳服務人員正忙著清理餐桌，準備上水果，沒時間接聽電話，該女經理就將手裡拿著的皮包隨手放在茶几上，前去接聽電話。

沒多久時間，返回座椅時發現皮包開著，包內準備付帳的款項已全部失蹤，當然就是坐在隔壁的那名中年男子拿走了，立刻追出去，哪裡還有人影，急得像熱鍋裡的螞蟻一般，吵著要餐廳負責，還責備旅館人員怎麼可以讓歹徒進出，耍賴說付不出帳款。餐廳的人找來了安全人員，一再解說當時情況，責備餐廳人員是不公平的，陌生男子闖入，連旅客的領隊都不認識，餐廳服務人員如何能夠辨識，更何況

是旅行社的經理，旅行的經驗豐富，竟也如此疏忽，是很難令人信服的。最後她要求付款減一半，餐廳皆不接受，最後得以八折付款，雙方都有損失，也都接受了教訓。

餐廳竊案之三

為餐廳的房間部，只能擺下一桌的小房間，只有一扇門可以進出，是朝著走廊的。兩夫婦宴客，在酒宴結束後，站在餐廳門口送客，待客人完全離開後，再回到餐廳掛衣架旁的茶几上拿皮包時卻發現不見了，問先生也沒看見。一陣慌亂之中，忙著收拾餐具的服務生知道了，找來領班，也不得要領，直覺懷疑是服務人員手腳不乾淨，不可能有其他人走進房間來，也確實沒見人進來過。兩夫婦堅持要餐廳負責賠償，一口咬定在沒有他人進出、只有餐廳人員進出的情況下皮包被竊，餐廳能不負責任嗎？安全單位於接獲報告後前來處理，經了解該餐廳僅一個門出入，惟正對走道，另一邊為宴會廳，當天有婚宴三家，酒席百餘桌，進出複雜。在飲宴中，房門多是關閉著，僅在送菜進來時才打開，一名女性服務生及女領班常來照顧，直到酒宴結束，男女主人在門口送客時，為歹徒乘機潛入行竊之可能性最大，建議報請警方偵查。被害當事人於了解事況後稱，皮包內無貴重物品，除準備清付酒席款項之現金外，其他損失不大，乃經協調該餐廳，允諾第二天付帳，並以九折優待，簽單後離去。

綜合分析

第一、第二案例發生在同一餐廳，第三案例是餐廳的房間部，同屬於旅館內的豪華餐廳，附設有單獨廁所，此三案有個共同點，均發生在散席之際，足以說明房間部如果發生竊案，大多在快散席或在主人送客時，其他時間發生可能性低，從散席到主人送客時間最多半小時，派出專人防竊也不是難事。在此時間內，客人酒足飯飽，意興闌

珊，餐廳領班忙著結帳，其餘服務人員則忙著收拾餐具，是最鬆散的時刻。

思考方向與訓練

從案例中，可知客人在發生財物被竊後，有拒付帳款、要求打折等情形，不但客人損失慘重，旅館也會有損失。此時應該清楚地明白，防竊為餐廳的責任，從很多痛苦經驗中很容易了解，不讓竊案在自己餐廳裡發生，並非難事，只要在殷勤的服務中稍微分點心思，注意身邊可疑人物，並與安全人員保持密切聯繫，便可防患於未然。

粵式飲茶餐廳竊案

觀光旅館內粵式飲茶餐廳雖不像咖啡廳一樣寬廣，也不像咖啡廳一般複雜，但也常發生客人財物被竊的事件。從下面敘述的故事中不妨思索如何防範。

粵式飲茶餐廳座位多，比較複雜，每為宵小所乘，至今仍有無法解釋的情況發生。餐廳小吃部的範圍很大，桌間距離總在一公尺以上，四個人坐一張小方桌，一個人一邊。案發當時周邊距離最近的兩桌都是空的，大多相離兩個桌面才有一個客人，因還沒到客滿的時間。四人中靠最外邊是個男性，他把皮包放在椅背下方，不知何時已被人拿走了，四個人都說除服務人員外，未見他人接近過，甚至該餐廳主管也不相信自己的員工。但經調查，發現時間很快，只是三十分鐘內，當班的服務生都沒有離開過，而且餐廳外他人接手的可能性也沒有，何況當時餐廳裡客人不多，三、四個服務人員的目光彼此交換，任何人都會在視線之內。此由於類事件多次發生，令該餐廳人員頗為困擾。

粵式飲茶餐廳

分析

　　該餐廳多次發生此類竊案，簡直無從判斷竊賊是如何接近目標，如何下手行竊的。因為座次距離不近，被竊的座位又不是在通道上，服務人員就是沒有任何發現，連當時餐廳內的客人有些什麼情狀，都提不出具體印象。可以了解，該餐廳工作人員雖然屢屢遭受不愉快事件，被客人懷疑操守不良，卻沒有任何反應，並非麻痺，實在是莫可如何！

思考方向與訓練

　　餐廳最後決定劃分成若干責任區，也就是服務區，一個人照顧四張桌面，領班或餐廳主管站在餐廳門邊，或是一處可以照顧全區、瞭望全面的地方，當服務區內（四張桌面）的人員因故離開，呈現空檔時，餐廳主管或領班應盡早發現並以最近服務人員就近補位。此外每個人都要把防賊的意識放在腦海裡，因為牽涉到共同榮譽，不能總

是讓客人懷疑員工的操守,並把咖啡廳於現場逮獲竊賊的成就轉告大家。如此即便時常發現可疑人物,也能迅速通報安全室,從此讓客人損失財物的事情銷聲匿跡。近來在椅背加裝背套,客人可將皮包物件套在背套裡,也是防範竊賊的好方法。

四、宴會廳的具體防竊措施

宴會廳是一種多功能的營業場所,範圍大,營業管理極不容易,安全管理也有很大盲點,生意好的時候,人手總嫌不足,生意差的時候,又覺得人浮於事,僱用臨時員工的時機也較多。上午的時間剛利用場地作為大型會議,中午又要變換為餐廳,常有四十餘桌的結婚宴席,另外還有「秀」場、表演場、大小型酒會,由於營業項目多,設備也就多。

茲將結婚酒宴與大型酒會的重點防範措施說明如下,並列舉數則個案,也可從中略窺端倪。

(一)結婚酒宴

宴會廳的結婚酒宴動輒都是在三十桌以上,冠蓋雲集。易生竊案的地方不在餐廳而是在收禮台前,賓客一擁而至,到達時間相同,收禮台前簽名、送禮金,熱鬧非凡,竊賊除乘隙扒走台上金錢外,且冒充招待接受客人所送禮金,或行竊新娘休息處所放置之飾物及金錢,真是防不勝防。而服務人員有限,且多數是臨時工,沒有餘暇照顧收禮台,但須注意觀察收禮人員的準備是否充分,如人手是否足夠、有無準備放錢的袋子等,還要聯絡安全人員派出專勤人員,查看有無可疑人物出現。

如何才能從眾多賓客中發現可疑人物,經觀察所得有以下幾點:

1.在結婚筵席間冒充賓客混吃的人,曾有順手牽羊的扒竊行為,要注意辨識,渠輩均單獨一人,筵席間未見與任何人招呼,男女雙方主

人及招待人員均不相識，曾加以驗證後，密切監視，終於發現其行竊。

2.冒充男女主人的招待人員，密切監視後發現可疑，此輩警覺性高，自知行藏敗露，旋自行離去，常不甘願，稍緩再來，可予盤詰，使其喪膽，至不敢再來侵犯。

其他餐廳也有利用擺設結婚酒宴者，亦曾受扒竊干擾，也得注意防範。

(二)大型酒會

大型酒會中，常會有些不速之客不請自來，一般稱其為「丐幫」，沒人研究過是如何形成的，曾有人想把那些人組織起來，但沒能成功，上百人中有八十歲以上的人，最小也有四十幾歲的人，大多穿著隨便，因皆是遊手好閒之人，無正當職業，成天混吃混喝，遇有酒會，就不請自來白吃白喝，常有順手牽羊的扒竊事件發生，發覺後可通報安全人員，須技巧地加以驅撑，因為不能讓他們老羞成怒，以免將一場盛會的情緒破壞無遺。

此類人也常冒充記者，到公司的股東大會或者是記者招待會上，各大公司對此類人已有應付經驗，俟渠輩到來簽名或遞上某雜誌社記者名片時，給予車馬費或紀念品，隨即離去，從來沒人干涉或取締過。各大商業公司不惜小錢，警察機關沒人檢舉，或查無證據，但是常令旅館業者困擾，因渠輩人數眾多，將餐廳秩序破壞無遺，間或有些大公司老闆對此現象表示不滿，但也無良好的應付之法。

此類人態度蠻橫，曾多次與安全人員衝突，似有所恃，其實是色厲內荏。某次，曾有自稱曾任高職的中年人士，代表該等向安全主管理論，謂旅館警衛以「丐幫」相稱，幾近侮辱，稱其以雜誌社記者身分於上市公司召開股東大會時蒐集資料，並非違法，與旅館無利害衝突，不應該干涉。安全主管當面斥其無稽，詢渠等人數可能在八十人以上，渠竟自承約在百人左右，安全主管遂坦誠告知，渠輩服裝不整，猥瑣者總在半數以

上，設若僅是索取大會資料似屬正常，但卻索討開會紀念品，要求車馬費，苟若不構成干擾，也還能忍耐，但在酒會中混吃混喝，在萬餘人的高級酒會中，渠等十人混雜其中，對會場秩序與氣氛的破壞，誰能忍耐？旅館餐廳不是公共場所，是鉅額投資的營業場所，旅館安全警衛人員職責所在，自必須干涉此類惡行。

妨害秩序，影響營業，甚而順手牽羊，混水摸魚者有之，宴會廳人員無暇顧及，且不可理喻，宜適時通報安全單位派員驅撐，雖有衝突，也在所不惜。

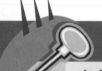

個案研究

宴會廳竊案之一

此曾為台北市觀光旅館業中營業額最佳者，發生竊盜案，報經警方偵查，迄未破案，以下是這件竊案發生的情形。

宴會廳在營業上是多功能的場所，範圍大，但相對也最複雜，尤其是結婚喜宴，男女雙方宴客，彼此不相識的客人多，就常有白吃白喝的人混在客人中，順手牽羊竊取財物，實防不勝防。

有一次，新郎是醫學士，尚在實習中，並已獲得美國某大學獎學金，行將出國；新娘家庭富有，嫁妝裡包括汽車、房子，還有在新郎懷抱中的手提箱，據說是黃金、美鈔，是新郎負笈美國的全部費用。宴客五十餘桌，前一天就住進旅館，在與新娘相偕布置禮堂時，始終提著那只黑色手提箱，看得出很有分量。宴會廳的領班，看到新郎提著手提箱負擔很重的樣子，建議他可利用旅館的保險櫃，或者是客房的保險箱，誰知這份善心卻為他帶來不少麻煩。那只手提箱後來竟然失竊，報警偵查，把這名領班列為可疑對象。

手提箱失竊很戲劇化。婚禮進行時，新郎從紅地毯前端才將手提

箱交給他母親抱著，酒宴進行到尾聲，客人陸續散去，新郎、新娘站在餐廳門口送客的時候，見新郎提著手提箱，可是新郎的舅舅卻認為應該站在餐廳的對面才適當，於是親自指揮新娘、新郎及雙方家長改個方向，站在餐廳的對面。因為恰好背對著走道，給了竊賊更好的下手機會，手提箱原本在新郎手上，不知何時又換到他母親的手上，併站在一列，很可能是要跟客人握手，也可能一直提在手上很累，就暫時往地毯一放，結果只是幾秒鐘，手提箱就失蹤了。據說新娘的項鍊價值數十萬元，因為太重，也拿下來放在手提箱裡，換上假的戴上。因為是重大竊案，刑事警察人員迅速到達，放映現場錄影帶查看，新郎母親將手提箱放在地上，還清楚地在錄影帶呈現，也就在這頃刻間錄影中斷。據三位錄影師說，因送客隊伍改到餐廳對面，電源線較長，恰在這關鍵時候，插頭鬆脫，所以中斷，隨即跑過去把插頭插上，再錄影，而這重要的一分鐘就漏失了。

宴會廳竊案之二

影劇界的男女明星舉行婚宴，席開八十餘桌，來賓多是社交名流，或是俊男美女，熱鬧非凡。光是收禮台，一字排開就有八位年輕貌美的收禮人員，還有簽名台，客人一起湧到，爭著送禮、簽名，秩序混亂，有掛著「招待」條在胸口的人，也擠在收禮台前協助客人。其中一位較年長者，也擠在人群中，手裡拿著紅包袋，轉交給收禮人員。旅館安全人員早盯上他，看見他不時把紅包袋往自己的褲袋中裝，待其已感滿足正欲藉機溜走時，以現行犯逮捕了他，送警法辦。

宴會廳竊案之三

新郎和新娘均任職於司法界，只二十多桌客人，收禮台也被竊賊光顧。酒宴開席後，收禮人員準備收攤，只是一轉眼間，裝錢的袋

子不見了。據說，在客人湧入時，曾見一男子很可疑，準備收攤前又曾見他接近過，當警方刑事人員到場，了解是司法官的婚宴，更是加倍用心偵辦，調出現場錄影帶，確見有這樣一號人物不時出現在鏡頭上，著灰色西裝，蓄長髮，身高約一百七十公分，臉黑、微胖、面無特徵，但不常在旅館出入，如何才能尋得？當然仍是懸案一樁。

綜合分析

　　宴會廳的竊案較其他餐廳所發生要複雜得多，防範也較困難些。如第一個案例，連判斷的方向都很難摸索，知道有鉅額嫁妝的可疑對象很多，男女雙方似乎都有炫耀多金的意思，才把盛裝鉅額陪嫁的資財提在手上。覬覦這些錢財的人，可能早就在一旁窺伺著，等待時機，隨時準備下手，就在放到地上的剎那之間得手後逸去，毫無線索可查。另外兩件發生在收禮台的案例，應該是可以防範的。

　　結婚酒宴的收禮台是歹徒下手的最佳目標，很多人在那裡有過痛苦的經驗，餐廳服務人員、旅館安全人員都會不厭其煩地提醒當事人，一定得很小心，如果發現可疑人物接近，可以不客氣地盤詰，或與旅館安全人員聯絡。婚禮進行中，男女雙方的招待是重要角色，不僅要接待來賓，也應維持秩序，常有閒雜人等混跡其中，很容易觀察得出來，他既未與男方的人打招呼，女方的人也沒人搭理他，混吃混喝倒是小事，乘機行竊就很可惡了，只要有人稍微注意他，他也很快就知難而退，旅館安全人員多會在大型婚宴時派出勤務，等於是說明「姜太公在此」，請他們迴避，可獲得嚇阻作用。

思考方向與訓練

　　宴會廳領班責任重大，不僅營業範圍大，而且多屬臨時員工，全面照顧防竊有困難度，但資深人員能識別時常前來走動的老面孔，向安全單位提供信息，並想辦法逼走那些牛鬼蛇神。安全單位對宴會廳

要加強協助，重點時間加強巡邏，必要時加派勤務，並須與宴會廳人員加強聯繫，多注意時常出沒的人員，設法把那些人的影像留下來，能獲得更多靜態資料，如姓名等當然更好。

五、房間式餐廳的具體防竊措施

較隱密的房間式餐廳只會有宴會主人與客人，即使是較大的房間，最多也不過六或四桌，又沒有不熟悉的人在座，何以會發生財物失竊？此類案件多發生在宴會結束、主人送客的剎那間，此一時際，服務人員正忙著收拾餐具，加上已經是打烊時間，就等收拾好，早點回家休息，領班級幹部忙著招呼顧客，為客人買單，就在這樣大家都忙著時，竊賊乘機進入餐廳，在混亂之中竊走了客人的皮包，還有在雙方均不認識的情況下冒充餐廳服務人員，讓客人平白遭受損失。其實只要稍微留心，餐廳人員不要急著打烊，就能防範宵小活動，不管是正式員工或臨時員工，都要把防竊視為服務的工作之一，小心不讓其發生，維護共同的榮譽，以免為宵小所乘。

第三節　餐廳的糾紛

旅館的餐廳、咖啡廳、酒吧等消費場所，原本是提供服務旅客所需而設的，但為滿足社會發展的需要，也為了增加營業收入而擴大了營業範圍，提供社會大眾一種高消費的場所，使旅館的功能加大；但也因餐飲的關係，旅館變得複雜，客人的消費糾紛也增多了，尤其是咖啡廳。為便於說明糾紛的發生經過與處理，下面提出一些個案，可從中獲知如何小心防範和處理的原則。

個案研究

咖啡廳被客人控告侵占

　　某飯店的咖啡廳裡有位常客，六十多歲，常獨自點了一杯咖啡就坐數小時，也常代單身女客付帳。某次，因現款不足，要求記帳，自然未得允許，竟將手錶脫下來質押，講好第二天拿錢來贖，他卻在第三天先到當地警察派出所去報案，稱該旅館咖啡廳質押他的手錶。經派出所電話聯絡，恰巧值班的領班（就是處理質押手錶的人）當天休假，所以未適時獲得回應。該人士就一狀告到法院，控告旅館老闆侵占他的手錶，安全單位才出面處理，了解事情經過後，知道是一場糾紛。

　　原來該咖啡廳領班在接受這名顧客質押手錶時，只是將手錶放在一個信封套裡，沒有將信封套封口，也沒讓他簽字，他就可以不承認是他的手錶，誣賴你掉包。果然，當檢察官進行調查，明白案發經過後囑交還手錶，他竟訛詐鉅款。

　　檢察官開庭偵查，首先詢問他：手錶是什麼牌子？在哪裡買的？多少錢買的？他可能也忘了在訴狀中是如何寫的，所以不敢直接回答，只稱在訴狀裡已有說明。檢察官說：「知道訴狀有寫，但是仍要你當庭說明。」他就是不肯說，於是檢察官責令把手錶當庭還給他，他接過去戴到手上，即刻舉起手來，請檢察官看，手錶鍊很大，手腕細，顯然不是他原來的手錶。檢察官再責問他，那你原來的手錶是什麼款式？什麼牌子呢？他仍回答說，訴狀已寫明，檢察官仍然要他當庭說明，他反倒責備司法不公，檢察官很生氣地退庭，仍然未得解決；後經檢察官指教，可以以存證信函促其至旅館拿取手錶，經三次存證信函，渠始親至旅館安全室領回手錶，為防其再生枝節，在其據

領憑證上註明是曾經法院處理過的手錶，他於詳閱此領據後稍有遲疑，終於還是親自簽名並捺下左手拇指印，結束了一場糾紛。

此事件發生過去未久，該名顧客再回到咖啡廳，當然仍以一般顧客接待，未料他在女性服務員為其服務時，先於有意無意之間觸摸手背，服務生隱忍未敢聲張，於是他更得寸進尺，再觸及其胸，女孩受辱經不住淚流滿面，為領班發覺，詢得其情，乃趨前與其理論，又是一場糾紛。安全室獲報後趕到處理時，見該顧客在桌上放了一張字條，寫著「與我同居，每月十萬」的字樣。根據服務員稱，他曾指著字條給她看，於是認為他既有動作，且有文字，顯已構成公然侮辱，乃毫不猶豫地偕同咖啡廳領班將他扭送警察派出所，由該女服務生出面控告其公然侮辱。派出所主管一見是這個人，表示在桃園工作時就曾處理過他與其妻串演仙人跳詐欺案件，在完成兩造筆錄後移送分局，當天移送法院，以現行犯收押。

分析

由於是常客，領班與服務人員應早了解到不是好顧客，在其無錢付帳時，就不該接受其質押手錶，而應交由安全人員處理，一杯咖啡費用事小，予以警告後斥去，或令其立下欠據，待其再來時追討即可。如礙於面子問題不再來，當可免除以後的糾葛，如此不受歡迎的顧客，應該早與安全人員聯繫，以利識別，早有防備。旅館為營業場所，尤其餐廳，會希望維持「和氣生財」的氣氛，但考慮到旅館形象，宜與安全人員合作，由安全人員出面處理，各餐廳外場人員應盡量避免與其發生正面衝突。

思考方向與訓練

為避免糾紛及注意安全，不得應承顧客寄放物品或質押物品，如本案咖啡廳領班答應質押手錶，引起無謂的糾紛，且已了解其為不

受歡迎的顧客，應記取教訓，即使已承應質押手錶，也該在封套口密封，囑其本人於封口簽名，才能免其誣賴。

之後安全人員發現有公然侮辱的文字可作為證據時，毫不考慮地將其扭送派出所，對如此惡劣的顧客，絕對不能軟弱，否則會有變本加厲的狀況。安全人員有責任排除外來的侵害，此為顯明的案例。

咖啡廳被誣傷害

也是咖啡廳的糾紛。遭人誣指傷害，經賠償才息事寧人。

經常服裝不整、腳穿涼鞋，在咖啡廳一杯咖啡坐一個下午，這樣的顧客當然不受歡迎。有一次，他腳穿拖鞋，蓬首垢面坐在咖啡廳，值班人員決定不予服務，消極地表示不歡迎他。他見無人理睬，於是高聲吆喝！服務人員遂找來旅館警衛，要求驅攆他離開。當警衛上前尚未有表示，他已老羞成怒，咆哮了起來，警衛想制止他，他卻瘋狂地跳起來，可能是穿著拖鞋，腳下不穩，身體趴在桌上，頭碰到椅背上，雖然是他自己碰傷，但確實是在糾紛中發生。

警衛人員立刻把他扶到旅館醫療室予以療傷，並即刻報警，為保護自己，希望獲得醫院開立證明。誰知他離開旅館後，就自行住進一家私立醫院，致電旅館，聲稱有腦震盪現象，必須住院觀察。此事雖因不予服務引起，卻是自己碰傷，與旅館無涉，然仍本息事寧人態度，派員前往醫院慰問，他卻提出賠償要求，當然不予接受，他屢屢央求有些知名度的人前來說項，最後才由旅館當局本著生意人以和為貴的原則，出價十萬元，買他一幅畫達成和解。

分析

咖啡廳因消費低，較大眾化，出入人員較複雜，曾見到有顧客將其個人名片的聯絡電話印上某旅館咖啡廳電話者，真是五花八門，無奇不有，與顧客時有糾紛。本案中的顧客是名畫家，有藉此大敲竹槓

的嫌疑，既已有警察人員前來處理，對其要求賠償一事，本可不予理睬，只是礙於第三者之情面而息事寧人，藉此獲得教訓。

思考方向與訓練

此類人物常自視甚高，得罪不起。假若依衣著去論斷，稍有輕忽，極可能過度反應，不是老羞成怒，也會言語譏嘲，所以，在外場的工作人員眼睛得放亮一些，顧客群裡不一定都是紳士，服裝整潔、西裝革履的也隱藏著不肖之徒。訓練觀察的能力，不管外場人員或安全人員都很需要，除此之外，還要學習就觀察所得描述出來，讓別人也能明白。

意圖白吃的高級知識分子

高級西餐廳走進一位女郎，身材高挑，未施脂粉，穿著素雅，一副高級知識分子的風範。只見她單獨一人享用美式早餐，萬萬沒想到餐後無錢付帳，而且毫無表情地就要離開，好像自己家裡用餐似的，絲毫沒覺得有任何不對勁。餐廳人員也見多識廣，自然是攔著她，同時通知安全人員到來，與之理論，她似乎不屑地不予理睬，逐漸向外走，因是女子，不便動手拉她，隨著她慢慢外移，沒想到她竟一腳跨出欄杆，企圖往樓下跳，不得已才抱她下來，她竟然躺到地上哭了起來，誣賴安全人員打她，安全人員見其不可理喻，遂報請警方處理。

就在電話亭邊，她也聽見電話報警，又自己站起來，警衛三人圍著她，她就拿起電話，警衛幫她插上電話卡，以為她是求援，誰曉得她竟用英文與人聊起天來。警衛不耐地拿下電話卡，她才對警衛說要打電話叫人送錢來，只得再為她插上電話卡，對方也是女性，要警衛接聽，對方說她有些精神不正常，希望不要為難她，很快會送錢來。大約四十分鐘後，來了一對老年夫婦，應該是她的父母，女的在前，快步迎面走過來，很奇怪的是，就像陌生人一般，與她擦肩而過，卻

不招呼，男的才走過來向警衛人員遞出名片，原來是知名的政治人物，已然過氣，向警衛人員說明，她在美國留學多年，回國後工作不順遂，因而精神錯亂。結清帳款後，都不言語，沉默無奈的表情，不禁令人同情。

分析

　　這是另一類型的案例，在咖啡廳是常有的事。另個案例也是位女子，穿得還算潔淨，手裡只拿著揉成一團的公車票，沒有帶皮包，自己找空位坐下來就拿自助餐吃起來，服務人員看在眼裡，雖然覺得有些奇怪，猜想她可能是等朋友，卻沒想到她吃飽後，抹抹嘴就準備離去，服務人員攔住她，交給安全人員，但也莫可奈何，幾經談判，不得要領。事後了解到為精神病患者，只好讓她離去。不久，她自己找上安全人員，表明尚未吃飽，要求再讓她去吃飯，令人啼笑皆非。

思考方向與訓練

　　此類事件常發生在餐廳，尤其在咖啡廳更屢見不鮮，只要不是無賴漢，對於存心白吃白喝的小混混，也只好自認晦氣。此類人一般多是精神病患者，一開始就只能睜眼閉眼，待認識以後，就不應該有第二次的損失了。

粵式飲茶餐廳與客人的糾紛

　　粵式飲茶餐廳中午人潮擁擠，餐廳主管恨不能把餐桌桌位延長到走廊去，在這種尖峰時間竟然有人鬧場，遂以電話召來警衛。警衛據報說是有人白吃，乃不分青紅皂白地把此位女士帶出餐廳，更擴大了糾紛，吵嚷得更厲害。此時，安全主管恰好經過，遂親自處理，先平息尖銳的衝突，讓警衛先行離去後，再與該婦女坐到桌位上。她氣呼呼地說：「我花錢用餐，喊我出去，要去哪裡？」於是破口大罵，見

來處理的安全主管和顏悅色的，才慢慢平靜下來。

　　該婦女四十多歲，穿著極其講究，原來是她放在餐桌上的老花眼鏡不見了，要服務人員賠她，才誤會她白吃。安全主管遂安慰她說，可以賠她。再問她是如何不見的？她才敘述：她先來餐廳占位，等她妹妹前來共餐，等得不耐煩，想出去打電話，又怕桌位給別人占去，就把老花眼鏡放在桌上，也叮囑服務人員幫忙看著桌位，不要讓別人占去，她妹妹來會認出她的眼鏡，服務人員可以招呼她坐下。但她從餐廳外面回來，就見有個女人占了桌位，很不高興地責備了服務人員，那位女性帶著小孩也就走開了。等到她妹妹來後，已經快吃完了，才發現眼鏡不見了，責問服務人員，當然不得要領。

　　可能是服務人員應對不當，令其老羞成怒，該餐廳主管不查究竟，也不問清楚，直覺地認為是「白吃」，就以「白吃」報向安全人員，更加激怒了她。安全主管在明白原委之後，以勸慰的語氣和緩地對她說：「妳知道她們服務人員的薪水一天是多少嗎？可能要四天的薪水才能賠妳的眼鏡，妳真那麼忍心嗎？」她回說：「算了！不要她賠，剛才是很生氣。」於是他更進一步解釋說：「服務人員也很冤枉，試問，她如何能認識妳妹妹，那位抱著孩子的女性占了妳桌位，妳當然生氣，服務人員卻以為那就是妳妹妹，妳託她看著位置就已經錯了，服務人員他要應付那麼多人，主要的任務是點菜、送菜、收碗盤，根本就沒聽見妳對她說過什麼，哪管得著誰坐誰的位子，很可能就是那位抱著孩子的女性無意間拿走了妳的眼鏡。」

　　心平氣和下的解釋她都接受了。安全主管要代她結帳，表示要招待她。就在此時，該主管感覺背後有人，回頭一看，一位年輕人站在背後，他說是大姊來過電話，所以來看看有什麼事，一眼就知道非善類，她也應該是「大姊頭」。經過一番溝通，冰釋了誤會，他們相偕離去。

分析

　　已然擴大的糾紛，幸虧安全主管親自趕到，才得平息，否則，若以對方的架式而論，危及的禍殃不小。對於安全人員何以誤認是白吃的情況，兩個女人，還帶個小孩，可能會是白吃嗎？錯誤的信息是來自餐廳人員嗎？何以會提供如此錯誤的資訊。就算是白吃，面對眾多的客人，該運用些技巧，不能硬碰硬處理，對方很快地邀來了幫手，要不是安全主管到來，接下來會發生什麼事？非常輕微的事故會因處理不當而下不了台，安全人員固然首當其衝，餐廳又豈能占上便宜？

思考方向與訓練

　　在旅館處理有關客人的事故，在還沒確實掌握事故真相、沒有認識對方、確實了解當事人身分前，都不能先表示態度，甚至不顯露出自己的身分，而且沒有一定的處理方法，會因環境、因人而有所不同，大事可以化小，也可化為無事，千萬不能因小事而擴大為不能善了的事。

　　餐廳服務人員甚或是櫃台人員，面對客人總是忍氣吞聲，常希望安全人員能幫他們出氣，這該是錯誤資訊的來源，缺乏整體榮譽感的應是基層人員，但有時單位主管也會有此錯誤的認知。餐廳的基層服務員大多是年輕男女，有的還是工讀生，面對客人時還很靦腆，主管人員一定得訓練他們，在不完全明瞭客人交代的事情真相前，不輕易承諾。如果有任何疑問，應立刻向上級報告，各級領班或主管對基層的詢問也要耐心解釋，不要擺出威嚴讓部屬不敢問你。常看見有剛出道的小女孩偷偷流淚，她們面對壓力，卻無法自己解決，這些人員很快就從這行業流失了。

第四節　廚房的安全管理

　　旅館的餐飲設施本來是為旅客而設，但為因應都市消費文化，逐漸演化到經營旅館的餐飲收入比客房收入還多，尤其是在不景氣、旅館客房的營運大受衝擊的淡季時，旅館的經營幾乎要靠餐飲。因此，廚房特別多已經是必然的趨勢。

　　廚房裡因為有各類燃料，如煤氣、電氣等，而且溫度也高，所以在消防法規中將廚房列為高危險地區，消防設備與消防管理都有嚴格的規定。關於廚房的消防安全，容在專章中討論，本節僅對廚房的衛生與一般管理事項提出討論。

一、衛生管理事項

　　衛生安全要求萬全，不容許任何瑕疵，惟恐食物污染，危及生命、身體安全。尤對商譽之影響甚鉅，須注意下列事項：

1. 蟑螂、老鼠等不許侵入廚房，須責成清潔單位徹底消毒工程。
2. 用紙盒包裝的乾燥食品，多係用釘書針封口，拆卸時須注意勿將釘書針散落在食品中。
3. 清洗任何食物至少沖洗三遍以上，並須用二水盆，先在第一個水盆清洗後，將食品撈起放入第二個水盆，清洗後再撈起，放另一水盆，經兩次沉澱，食品中的泥沙或雜物才能完全過濾乾淨。
4. 廚師不戴手錶、戒指，不蓄指甲、長髮，不留鬍鬚。
5. 廚房水溝、積水槽要沖洗乾淨。
6. 食物放進冰櫃，要將「生」、「熟」食物分別包裝，並存放在不同的冰格內。
7. 榨壓新鮮果汁要特別注意消毒，水果、榨果汁機、容器等皆須認真

消毒，工作人員戴手套，不得忽略。

二、一般管理事項

1.廚房工作人員穿平底膠鞋，以防地面濕滑。

2.廚房工作人員戴帽子、繫圍裙，衣袖要繫妥，胸前及口袋中不要放火柴、香菸等物品。

3.推車遇轉彎處要暫停，轉到前面或側面拉過，以免撞到他人。

4.冷凍櫃的安全警鈴須常檢查，冷凍櫃不得另外加鎖。

5.刀子用後須放在刀架上，不得任意放置。

6.廚房為機要重地，禁止非工作人員進入或逗留。

個案研究

咖啡廳飲料杯中有碎玻璃

早年影劇界的知名人物，與他旅居美國、已擁有美國籍的兩個兒子回國探親，於春節假期中，一同在一家五星級旅館用餐，飯後享用飲料，卻在玻璃杯裡發現了碎玻璃，影響父子歡聚的心情，怒不可抑，一聲不響地一狀告到衛生局和警察局，說是美籍人士在這家五星級旅館遭受傷害。兩局人員會同前往這家旅館調查，先通知旅館安全室配合執行，連該旅館餐廳人員尚不知就裡，但三杯桔子汁裡，其中兩杯都有碎玻璃為屬實，餐廳人員百口莫辯，不能否認，願意接受法律制裁，也願意賠償，就差一點沒有磕頭作揖。

但這名客人不為所動，他說：假若玻璃已經吃到食道或留在胃裡，會造成嚴重的破壞，尤其是細微的玻璃渣留在胃壁上，可能致癌，也不要什麼賠償，只要出具切結，保證不會致癌，倘有致癌情形

時，再負責賠償。餐廳人員提出先陪同前往醫院檢查、X光透視。他回說，玻璃在胃裡，而且顆粒太小，絕對照不出來，簡直就得理不饒人，連衛生局的人都幫忙講好話，指出保證日後不致癌的切結是不可能的。警察局的人員說，如果協議不成立，就要移送法院，幾乎形成僵局，旅館安全人員見事態嚴重，電話邀來認識這位人士的朋友前來代為說項，作好作歹，終於擺平了一場糾紛。

分析

事後進行了解，玻璃杯中何以會有破碎的玻璃渣，出在廚房的不小心，先把一籃子洗滌好、經過消毒、放在保溫櫥櫃裡的玻璃杯，放在左手邊較高的檯子上，玻璃杯杯口向下、杯底向上，約在人的肩高，然後在腰高的檯子上放一只籃子，用右手將玻璃杯一只只地翻過來放在空籃子裡面，已經快放滿的時候，不小心在籃子邊沿上把一只杯子碰碎了，碎玻璃就散落在空杯子裡，作業員也撿拾過，但細微的玻璃渣留在玻璃杯裡是不易發現的，就疏忽地把桔子汁灌到每只杯裡，端出去給客人，假若能把已被污染的一籃子玻璃杯全部不用，重新洗滌，就能免除一場災禍。追蹤檢討，玻璃杯在塑膠的籃子邊沿上稍微碰到，何以就會破碎？器皿組的人員說，這批購買的杯子質料不好，早已提出檢討，不應該再用的，不知道何以又再進入倉庫。總之，一連串的過失，才有嚴重的後果。

思考方向與訓練

不能責怪客人小題大作，新春父子歡聚，本應快樂逍遙，又選擇在高級的五星級餐廳裡，居然遇上如此倒楣之事，大動肝火也是人之常情。他以為若不向相關機關檢舉投訴，餐廳可能抵死不承認且得不到結果，所以逕行電話投訴，直到衛生局、警察局官員到來後，旅館方面才知道情況，雖然未再受任何損失，只是一場口舌而已，但影響

旅館聲譽至大，經檢討後，有關單位也均自承錯誤，是不可輕忽的一大教訓。

魚翅盅裡發現釘書針

本事件發生於一家知名度頗高的江浙菜餐廳，是廚房主廚親口講出來的真實故事，頗有參考價值，特蒐錄於此，藉供研究。

某位政府高級行政首長，雍容大度的風範的確令人傾倒。某次在旅館的中餐廳宴客，在他的魚翅盅裡赫然出現了一枚釘書針，他只用湯匙挑了一下，就沒再吃，也沒動聲色，連一點表情都沒有。服務員站立在旁，一眼看到，驚出了一身冷汗，一直到換下一道菜色時，服務員要撤去這道魚翅盅，例行地詢問一聲：「還要用嗎？」他也僅用筷子指了一下，服務員機警地說了聲：「對不起！」就撤走了，拿到廚房一看，一枚釘書針明顯地在那裡。

這位高官包容的雅量說明了他正直無私的涵養，不像另一位比他職位小但也是方面大員的人物，在吃到魚翅較硬的部分，竟然大為震怒，說是假貨，是用塑膠冒充魚翅，要送到刑事局去化驗，比較之下，這位中生代大老級人物，真正令人佩服。這件糗事如果稍微張揚，在座的客人先知道，很可能就會讓隨從的警衛人員知道，那還得了！全面調查是否故意、有無政治陰謀等等，全都可能扣上來，他輕描淡寫地用筷子指一下，是何等高明，這代表的意義有多偉大，怎不令人感激。

分析

不會有人蓄意為此，但是如何形成，必有原因，經徹底了解才明白，原來是很多的「乾貨」，就如魚翅等類的食物，從市場買回來，都是用紙盒包裝，紙盒封口都是用釘書針，廚師在拆開紙盒時，就把釘書針拉到水盆裡了，乾的菜還要用水來浸泡，釘書針就隨著菜餚進

到鍋裡，菜是煮爛了，釘書針仍然是金屬的，就是這樣單純的事，造成了極大的事故。

　　有一次衛生當局為了要評定各大旅館衛生成績，聘請專家學者到各五星級旅館執行檢查時，曾提出二個重點：第一就是要求洗滌菜餚要用兩個水盆，最少清洗三次，每次清洗後要將洗滌物撈起來放在另一個盆裡，第二次清洗後再撈起來放到另一個水盆裡，應該是達到過濾的作用；第二個重點是檢查廚師的圍裙，看有無用圍裙擦手的情形，並要求廚師當場洗手。起初一些廚師感到奇怪，難道說還有人不會洗手，誰知當他用肥皂洗手後竟在圍裙上擦乾，而不使用擦手紙。

思考方向與訓練

　　廚房是機要場所，從此案例可獲得證實，所有的菜餚都要經過廚師的手，才到客人的嘴裡，一切的過程，要到口裡、胃裡接受考驗，應該是極嚴重的事。此位高官受如此待遇，假若他要聲張，由侍從人員進行調查，想想看，該有如何下場。從此個案裡應學習到洗菜的方法，尤其是廚師沒養成清潔的習慣，廚房裡還應該裝設洗手液和擦手紙的設備，嚴格要求衛生習慣。

Part 3

後場安全管理

　　所謂後場，是與前場相對應而言，非營業單位稱為後場，又稱內場；屬於後場的單位有工程部、人事訓練部、業務部、公關室、電腦室等等。惟在本篇中，除對工程部的安全管理，因其管轄事務幾乎皆與安全相關，須逐一加以討論外，對其他單位，則不以單位的事務單獨提出討論，而是以安全相關的事情為討論範圍，如消防管理、員工管理、外包商管理、防爆管理等。

Chapter 6

工程部安全管理

　　工程部在旅館的安全管理中，扮演著極為重要的角色，尤其是在消防安全中，更是關鍵地位，若能積極奮戰，旅館安全無虞，就算有天災人禍，也能無慮災殃，苟若泄杳顢頇，就是無災也有禍，從下面所列舉的各種項目就能見一斑。

　　如建築物安全管理、電氣設備安全管理、機械設備安全管理等，無不與旅館裡的生命和財產發生密切關聯，本章內容將討論相關事項。

第一節　建築物安全管理

　　旅館的建築較任何集體住宅或辦公大樓皆龐大而且複雜，有住宅大樓的功能，也有辦公大廈的設施，供居住、餐飲、娛樂、運動、休閒、生活所必需者，應有盡有。而皆要絕對的安全，管理可謂不易，均屬於工程部門的責管任務。

　　建築物的範圍除從屋頂平台、四周牆面、地下各樓層之整體水泥建築外，尚包括給水、排水系統、電力系統、電話系統、中央空調系統、瓦斯供應系統、消防系統等等，所謂安全管理，是要維護其達成使用目標，還要不因故障或損壞而造成危害，有積極的和消極的管理目的，因皆屬專業範圍，於此僅涉及一般管理的概念。

一、高溫影響下的質材變化

　　任何物質在持續的高溫影響之下，皆會變質，例如玻璃纖維用作隔熱，在爐灶後面已留有約一公尺寬的散熱空間，後面牆壁仍用玻璃纖維包以錫箔，數年後玻璃纖維就已變質為粉末狀，且自行燃燒；另一件玻璃纖維燃燒事件，是在天花板上，中央空調冰水管用玻璃纖維保溫，天花板上的嵌燈燈頭緊靠在玻璃纖維的錫箔包裝上，持續的溫度使玻璃纖維變成

粉末狀，並因而燃燒。所幸玻璃纖維雖已燃燒，僅止冒出濃煙，尚未擴散，均未造成災害。於此說明，建築物因老舊而增加安全顧慮，在電源及熱源的四周注意檢查，預為防範，顯屬重要。

二、工程施工的注意事項

旅館為維持美輪美奐的裝潢，常不惜鉅資經常更新，或更換家具陳設，保持亮麗舒適，往往在施工中未能注意下述事項，因而造成危害者有之：

1.隨時保持地面平坦，不得設門檻，以免絆跤。

2.樓梯扶手、平台欄杆不得低於一百公分以下，慎防攀越墜落。

3.樓梯的空間須布設安全網，防止人或物墜落的立即危險。

4.任何設施、高空懸掛物、可移動的樓梯等等，均須顧慮可能的危害；若萬一不能避免，即須設立警告牌，標示出警戒範圍。因旅館為公共出入場所，來往人潮多，須隨時注意可能的危害。

5.颱風季節宜有萬全準備，高樓層的窗框、玻璃門窗、滲水的門縫、室內外的排水溝、地下室的排水問題等等，都需要在颱風來臨前，預為籌謀。

6.地震後須立即檢查建築物結構、門窗、牆壁的附著物、廚房瓦斯系統、電力設備等。

7.中央空調的冷卻水塔須定期清洗，以防止「退伍軍人病菌」的傳染。

三、電氣設備安全管理

旅館內除餐廳廚房須使用電器用具外，其他場所應該盡可能不使用或減少使用；必須使用的場所，亦當注意管理，勿使釀成災害，除於消防

管理專章再予討論外，此處僅談及一般事項：

1. 變壓器、配電盤等須定期檢查，曾發生配電盤內接線螺絲鬆脫，間隙太大，冒出火花，引起火災。

2. 電氣開關、電插頭要常檢查，蓋板脫落或破損，均須立即更換。

3. 廚房內禁止使用鍘刀開關，所有的電氣開關或電插頭需要有覆蓋，或使用木盒，以免因油污而致短路。

4. 廚房禁止設置電風扇，曾發生電風扇因油污致短路燃燒。

5. 旅館內任何場所禁止使用霓虹燈，尤其不能將霓虹燈密閉在不能散熱的櫥窗或玻璃罩內。

6. 耶誕樹上的燈飾或其他燈飾，須選擇具一定規格的產品，且須定時關掉，不能全天候使用。

7. 廣告商設置廣告物，凡須接電源線者，應有合格的電匠，常因接線不合規定，發生短路起火燃燒情形，任何廣告物，無論設置在室內或室外，均須工程部檢驗後才能使用。

第二節　機械設備安全管理

旅館生產的雖只是客房和餐飲，機械設備不如工廠多，但因提供生活和安全所需的機械設備亦屬不少，保養檢查、維護設備的正常使用，及注意設備本身的安全，亦必須訂定保養及檢查制度，或月或旬或週或每天保養檢查，有計畫地如期實施，亦為確定責任所必需。所須注意事項有如下述：

1. 建立一機一卡制度，將保養卡片釘掛在機械旁，負責保養者、追蹤考核者，均須簽名、記錄檢查與督考資料。凡須定期檢查的設備，政府機關均列入管制，自行檢查紀錄須留備查核。

2.若干設備須有專人管理者，除仍須設卡列管外，並須有代理人之規
定。

3.任何可能導致員工職業傷害的機械設備，均須注意防護設施。

Chapter 7

消防管理

本章將討論的內容，首先提及旅館消防的重要性與其特質，依次論及消防設備的管理與維護、消防的編組與訓練、防火管理、避難疏散規劃、消防演習等要項。

第一節　旅館消防的重要性與其特質

旅館的消防工作與其他建築物並無不同，但比其他建築物多了環境的複雜性以及難於預防的危險因素。

一、重要性

消防問題較任何安全問題都重要，上文所述有關生命財產的安全問題，若果發生，所生之損害僅及於一人或少數人，如一旦發生火災，所生之損害就嚴重非常，簡直是無法估計。

二、特質

旅館是公共場所，供不特定的多數人使用，旅客對其所居住的旅館環境完全陌生，遇有火警，雖尚未成災，亦是驚恐萬狀；旅館建築物因是供居住、餐飲、娛樂、休閒等多種用途，其複雜性已如前章所述，較其他任何種類的建築物，就消防問題來說，都是最重要的，故必須加強管理，嚴加防範，不令其發生。但就如前述，旅館建築有其複雜性，人員更是眾多，難免百密一疏，萬一發生火災，必須有相當自救能力的培養，在市消防隊到達前能自行撲滅，或不使其迅速擴大，其他任何建築物雖也有相同的問題，但均不似旅館的嚴重而且迫切。

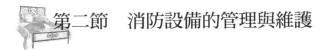

第二節　消防設備的管理與維護

按國家《消防法》規定「各類場所消防安全設備設置標準」，旅館因是危險性比較高的場所，屬於甲類場所，要求的標準也較一般場所為高，關於法令的詳細規定於此不加贅述，僅先介紹最基本的設備名稱及其作用，再就設備管理的相關問題提出討論。

一、自動報警系統

(一)差動式感知器

又稱火警探測器或熱感知器，屬於自動報警系統，裝置在天花板上的適當位置，當火警發生或因其他因素，室內溫度突然上升至60℃以上時，感知器受熱膨脹，即自行啟動，此時火警警鈴自行鳴響。在室內溫度發生變化，溫度逐漸上升到感知器啟動的時間，約在二分鐘至四分鐘之間，此與感知器裝設的位置有密切關係；依法定標準為防火建築物及防火構造建築物，在離地面積四公尺以下者，其有效探測範圍為七十平方公尺，離地面積四至八公尺者，為四十平方公尺。每一感知器之探測範圍，尚須視裝置位置，假若房間面積是七十平方公尺，感知器裝在中間天花板上，或偏置於左右皆可，只要涵蓋面積在七十平方公尺均可，惟不能在空調的出風口或太靠牆壁，若是套房，客廳和臥室分在兩間，雖仍在七十平方公尺以外，仍不能只裝設一具，須分別在客廳與臥房各裝一具。

(二)偵煙式感知器

統稱為火警探測器，或稱為煙感知器。上述差動式感知器，是溫度有差別時自行啟動，偵煙感知器則是因煙或霧氣遮蔽光源而自行啟動，火

警發生後必然產生煙或溫度升高，使感知器自行啟動，傳遞火警信息，煙則較溫度散布快而且廣。如差動式感知器，又稱溫度感知器或稱熱感知器，在防火建築物內有效探測面積為七十平方公尺，偵煙感知器在同樣條件下，其有效探測面積則可達一百平方公尺，在相同條件下，傳達警訊的速度也快得多。一般都建議以偵煙感知器代替差動式感知器，舊的建築物多已裝置差動式感知器，全部更換頗不容易，新的建築物則應考慮裝置偵煙感知器，以代替差動式感知器。

(三)定溫型感知器

也屬火警探測器，也是熱感知，室內溫度因作業的影響而致變化太大，如廚房於作業時間，爐灶點火，室內溫度因而上升，如裝設差動式感知器，就會因溫度上升而啟動，故差動式感知器就不宜裝置在廚房。而廚房溫度因作業關係常持續高溫，所以須裝設定溫型感知器，將感知器溫度定在70℃或120℃，室內溫度須高過70℃或120℃時，感知器才會自行啟動，傳遞火警信息，其有效探測範圍在建築物離地高度為四公尺以下，為二十平方公尺；裝設位置不能太靠近熱源，如爐灶的上方，每因直接受熱常致誤動作，傳遞錯誤信息。

以上所述為自動報警設備，所謂「自動」者，即不須人力操作，因火警每常發生在深夜或室內無人的情況下，或者需要將火警傳達給有能力處理及必須知道的人，火警探測器因溫度或煙霧而自行啟動，使警鈴鳴響，受信總機同時接獲訊息，並了解火警發生地點，迅速通報負責處理的人員，即時撲滅，而不致成為災害，或迅速向市消防局請求救援，惟自動報警系統常有誤動作或誤報警訊情形。實務上發生誤報或誤動作的原因，有如下述：

1.感知器受潮：或因裝設位置不當，每因潮濕或被水浸，使感應片接觸而誤報，或將煙感知器裝在浴室門口的天花板上，浴室熱氣擴散導致誤報。

2.感知器受碰撞：室內裝潢施工，或搬運物件，碰撞感知器，使之震動而誤報。

二、自動灑水系統（滅火系統）

遇火災發生，不須人力操作，自動從灑水頭向下呈傘狀灑水，達成滅火功能。灑水頭裝置在天花板上，因火災發生，室內溫度升高，灑水頭在70℃的高溫下自動灑水，同時啟動蜂鳴器，傳遞火警訊息。

三、自動排煙設備

當火災發生，產生濃煙，此時排煙柵門自動開啟，將濃煙自管道間抽走，排出室外。

四、自動送風設備

與排煙設備都裝置在電梯間，用以保護逃生梯不受濃煙侵襲，因火警產生濃煙，排煙柵門排除濃煙時，送風柵門亦同時自動開啟，送入新鮮空氣，使濃煙迅速排除，又能保護梯道間不因濃煙而受損害。

五、火警受信總機

裝置在中央監控室，或全天候值班、有處置緊急事故能力的值班室及電話總機室內。受信總機，顧名思義，當了解是接受信號的總機，自動報警系統、自動灑水系統、排煙、送風系統，以及消防栓的信號，都轉接到受信總機，從受信總機的面板上，就能獲知火警傳自何處。是故，受信總機須處在全天候待命狀態下，不容許片刻或缺，必須自備電源，隨時保持正常的使用狀態。

受信總機的指示盤上除火警信息外，尚有自動灑水和自動排煙啟動信號，任何一個灑水頭或排煙柵門啟動，受信總機指示盤亮燈指示位置，同時有蜂鳴器鳴響，亦必須立即了解原因，做必要的處置。受信總機所擔負的消防任務，可以說是整個建築物的中樞神經，每分每秒都在工作，不得有片刻中斷，法令規定要有交、直流電源設備，電源開關須能承受最大負荷的兩倍，其他有關配線、接點，均有嚴格要求，還設有線路斷線測試裝置，值班人員須定時測試各點線路，明確記錄測試時間。

六、火警受信副機

裝設在電話總機室、警衛室以及客房樓層，火警發生時，電話總機值班人員可不待通知，即能立刻知道火警發生於何處，因電話總機在火災中的任務，已如前述，或是應該擔任通報任務，或須提供確實狀況，告知旅客；警衛室安全人員，如前述在火災中的任務，須擔任滅火工作，各客房樓層的受信副機於火警發生時，當然了解是發生在哪一間客房內，指示自衛消防隊人員採取立即措施。

受信總（副）機在消防任務中，擔負極其重要的角色，全天候皆應在堪用狀態，不得有頃刻停止，須每天定時測試，故須裝設預備電源，並隨時排除故障。

七、室內消防栓

也稱消防箱，依法令規定，每距離二十五公尺配置一具，箱內配置伸縮水帶兩條，每條長十公尺，口徑一點五英寸，並設有二英寸口徑出水口，消防栓上端為綜合盤，裝有紅色指示燈，平時應不熄滅，有火警時閃爍；另有手動報警器、電話插座、緊急電源插座、火警警鈴。凡自動報警系統的感知器啟動，消防栓警鈴立即鳴響，手動報警器是在發現火警而感

室內消防栓

資料來源：內政部消防署。

知器尚未啟動前，按下報警器的強壓片，使警鈴鳴響，達到報警目的；消防栓內的伸縮水帶，兩條接連起來可長達二十五公尺，滅火功能大，對初期火災，得以迅速撲滅，消防栓的功能很大，須能善加利用。

八、緊急廣播設備

亦為法定設備，規定廣播聲音的一定標準，當火警發生時，須將火警情況廣播到建築物的每一角落，期在建築物內的每一個人都能了解，以免驚慌，並在有秩序的情形下，疏散到安全處所。

九、手提滅火器

因具機動性，移動方便，也最有效，是故，法令規定普遍設置，在

每一百平方公尺的範圍內設置一具，在同一樓層，每超過五十平方公尺再增設一具，分開放置在伸手可拿到的位置，且規定要掛在牆上，重十八公斤者，其上端距地面高度不得超過一公尺，十八公斤以下者，不得超過一點五公尺。其所以規定採懸掛的方式，且規定一定的高度，是為了拿取方便，且避免底部因放置地面潮濕，容易生鏽，影響其功能；在實務經驗上，尚須固定放置地點，不得隨便移動，以利記憶，最好能在放置的牆面上黏貼標誌，以示其永久性與不可移動的目的。

手提滅火器種類很多，一般都採用乾粉滅火器，因可使用於甲、乙、丙類火災，即一般木材質、油類、電氣類火災均可適用，其他尚有泡沫、海龍滅火器，採用者不多見，乾粉滅火器亦為法令規定所必須使用者。手提滅火器可用時效，法令規定為三年，期滿即須更換，在三年期內，亦應定期檢查壓力表上指針是否在正常位置，隨時保持在堪用狀態。

手提滅火器

十、隔火區間

用鐵捲門或閉鎖門將「火」或「煙」間隔在一定的空間，不致很快竄流到整個空間裡，是大面積的室內空間所採用的措施，如停車場、客房走廊、大廳等地方。利用煙霧感知器，遇有火警發生時，煙霧感知器啟動鐵捲門自動放下，或閉鎖自動關閉。

第三節　消防的編組與訓練

完備的消防設施，需要有訓練精良的人員，才能發揮其功能。旅館的每一成員，無論男女都該負有消防責任，都該具有防火、滅火的知識與技能，遇有火災發生，均能擔任通報、聯絡、疏導旅客的能力，但仍需要編組的常備人員，施予專業訓練，期能發揮自衛能力，遇有火警，一方面報警請求支援，一方面在市消防隊到達以前，能發揮自衛能力，將初期火災撲滅，或能予以控制，不致擴大。惟旅館工作人員，除朝九晚五的辦公室人員外，能夠納入編組的也只有全天候輪班的工作人員，此乃指自衛消防隊人員而言，其他的任務編組，皆依其本身工作性質或工作環境予以編組，或集中訓練，或分組施訓，茲臚陳於下：

一、各按任務編組

(一)自衛消防隊

設隊長一人，組員四人；每天三班，每班值勤八小時，分別由安全室警衛組領班一人、安全管理員一人、工程部一人、客房餐飲組一人、行李員一人，每月排定值勤表，由安全室控管，於安全室警衛組值班室、中央控制室、電話總機室內懸掛值勤牌。

安全室為消防業務主管單位，警衛組人員較具機動性，隊長一職由安全領班擔任，應屬責無旁貸，並各派一人擔任組員；工程部人員對旅館建築設備比較了解，且具機電技能，派出一人擔任組員；客房餐飲及行李員均二十四小時值班，各派一人，合共五人，隊長並負責火場指揮之責。

(二)通報聯絡組

設組長一人，組員若干人，由中央監控室人員編組，或由電話總機人員編組而成。建築物若為老舊旅館，多無中央監控室，可由電話總機主管擔任組長，其他輪值班之接線員擔任組員。

中央監控室將閉路電視監視系統、各項設備偵測系統、受信總機等安全系統集中管理，二十四小時二人以上輪流值勤，負責通報聯絡任務，極為便利，惟仍須電話總機的協助。

然多數旅館無中央監控室之設，通報聯絡的任務、消防聯絡通報須由總機負擔，則必須將受信總機、緊急廣播系統設於電話總機室。

中央監控室或電話總機室負責通報聯絡任務，自受信總機信號獲知某處火警，或接獲電話報告某地火警時，按火警通報程序，迅速通知相關單位，立即行動。相關火警通報作業程序圖見**圖7-1**。

火警發生信息或來自受信總機，或電話報警，通報聯絡組通報自衛消防隊立即行動，同時通報火警發生地點之現場工作人員必須立即察看，並等待自衛消防隊人員告知現場情形。自衛消防隊人員於獲得通報後，應立即交代本身工作，迅速趕往火警現場，若察知係為誤報，應即刻回報中央監控室或總機室，說明係屬誤報；但如確是火警，一面就近使用手提滅火器或消防栓伸縮水帶。自衛消防隊員計有五人，消防隊長擔任現場指揮，並回報通報聯絡組，其餘四人可使用兩條伸縮水帶，撲滅火勢或控制其延燒擴大。

通報聯絡組獲自消防隊長來自火警現場回報，若係誤報，情況終

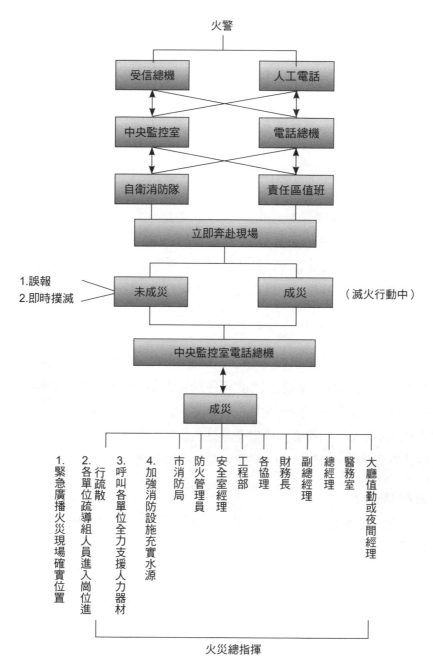

圖7-1 火警通報作業程序圖

止；若確為火災，應即按照聯絡程序通報有關單位，並即緊急廣播，通知旅客及飯店各單位員工進行疏散客人，以英、日語、本國語言反覆播報，語調宜輕緩，切勿驚慌。廣播詞如下：

> 各位旅客！本旅館某樓層（或某一處）發生火警，火勢已在控制中，請勿驚慌，請依照本旅館工作人員引導向安全地點疏散，請勿搭乘電梯。

因火災情況尚在變化中，或繼續擴大，或已控制，或已撲滅，尚待現場指揮（自衛消防隊長）由現場回報，隨時將實際情況加入廣播詞中，廣播詞不能用錄音帶代替，故緊急廣播設備宜設在電話總機室。因總機室多為女性接線員，應具備英、日語能力，且語音柔和、清晰。

(三)疏散引導組

由外場單位編組，如客務部、房務部、各餐廳、會員俱樂部，各就其責任區範圍內組成疏散引導組，遇緊急狀態時，或接獲通報聯絡組緊急廣播後，各就責任區內的關鍵位置派出人員，在白天用三角紅旗，在夜間用紅色手電筒，引導客人向安全地點疏散；客務部尚須在旅館外的安全地點將旅客集中，清點人數。各單位疏散引導任務有如下述：

■房務部

首先當確定安全的疏散方向，聽明白緊急廣播火災的確實地點，各樓層派出人員站在逃生安全門明顯地點，引導旅客自安全樓梯向下，至旅館外之安全地點集中；尚須派出人員逐一敲門或按客房門鈴，通知旅客疏散，確知每一旅客均已離房後，始能離開樓層，並向旅客集中地點報告，協助客務部人員安撫旅客。

■**客務部**

　　在旅館大廳每一安全逃生梯口派出人員，引導旅客或餐飲顧客向門外逃生，旅客則引導至集中之安全地點。在旅客集中地點派出幹部一至二人，持旅客名單清點人數；尚須安排旅客至其他旅館安頓，如有旅客受傷，要護送至醫院，迅將受傷人數、姓名、性別等資料報告火災總指揮，以便安排人員前往慰問。

■**各餐廳**

　　每個餐廳門口和通往疏散路線最近的門口，都要派出人員引導客人疏散至安全地點，並確定餐廳內再無客人後才能離開。

■**宴會廳**

　　責任區範圍大，營業項目也多，宴席百餘桌，顧客千餘人，引導疏散任務頗重，如何將眾多客人從幾個出口疏散，須多加演練。總之必須保持秩序，避免擁擠，引導疏散人員要能分別走在疏散行列中段及殿後，以安定客人心情，使不致造成混亂。

■**會員俱樂部**

　　除餐飲客人外，尚有三溫暖、健身房等多樣附屬設施，顧客中有會員也有房客，須特別注意客人避免在疏散途中迷失、混亂，以免造成意外傷害。對房客身分者，須引導至旅客集中地點，以利客務部清查人數。

　　以上各單位在責任區內的引導疏散人員應站立的崗位所在，無法用文字或圖畫表達，可以用拍照的方式將員工穿著制服、以手勢指引疏散方向的身影，拍成照片，說明應站立位置，並將照片資料交給單位主管，列入移交。

(四)救護中心

　　救護中心應設在一樓大廳，採紅十字旗標明所在位置，配有駐店醫

師及護士，攜帶氧氣瓶與急救器材，準備擔架（由客務部行李房人員支援）。

(五)工程支援組

由工程部人員組成，其任務係採取已成災後的支援措施：

1.將火警專用電梯送至一樓，其餘電梯降至底層。

2.準備充分水源，察看泵浦運轉情形。

3.關閉瓦斯總開關，室外瓦斯總開關的位置多在建築物後，平時即須了解。

4.必要時切斷電源。

5.派員協助自衛消防隊撲滅火災。

6.察看抽、送風設備運轉情形。

(六)火災指揮中心

指揮中心位置應設在大廳值勤台，由總經理或副總經理負責總指揮任務，安全室協理或經理負責參謀作業；如總經理或副總經理均不在場時，安全協理或經理擔任總指揮；總經理、副總經理、安全協理或經理均不在場時，由大廳值勤擔任總指揮，夜間由夜間經理擔任總指揮。

二、一般訓練與演習

(一)分組訓練

按任務編組，分別施訓。

■ 自衛消防隊

其任務為消滅火災，於接獲火警訊息後須迅速趕赴現場。消防隊長擔任火場指揮並與通報聯絡組保持密切聯繫，將現場情形詳細報告，並指

揮四名消防隊員用滅火器或消防水帶進行滅火。

　　要求自衛消防隊於獲悉火警後兩分鐘內抵達現場。消防隊長與消防隊員分屬不同的工作單位，本身工作亦甚忙碌，需要的通訊工具為攜帶型呼叫器，當班的消防隊長及隊員五人均須隨身攜帶，用符號代表樓層及現場地點，係以阿拉伯數字表示，「1」為一樓，「11」為十一樓，B3為地下三樓。另將受信總機火警指示盤所指地點，按序編號，以數字顯示，各員隨身攜帶之呼叫器顯示幕上可出現1-34或B1-34，立即獲知係一樓34號地區火警或地下一樓34號地區火警。惟通報聯絡組及自衛消防隊人員均須熟記編號，予以嚴密訓練。為鼓勵消防隊人員迅速抵達現場，可採現金獎勵辦法，凡在兩分鐘內前兩名先抵達者，發給獎金。

　　消防隊滅火訓練亦為首要，除手提滅火器之使用外，伸縮水帶必須能靈活運用，一人能操作，兩人也能操作。兩條水帶使用時，前用水霧，後用水柱，掩護、前進、後退都能運用自如。

　　最關緊要者為消防隊長與通報聯絡組的聯絡，要迅速、確實，使現場情形讓聯絡組能很快明白，以便能有正確反應，讓火災總指揮有正確判斷，才能下達正確指示。

　　旅館火警誤報頗頻，一日三兩回也是常事，不能因誤報頻繁而不重視火警信息，無論任何時間，有火警信號，皆須信以為真，自衛消防隊必須出動。每次誤報，也就是一次訓練，凡有火警信號，安全室防護課、警衛課及防火管理員均應趕到現場，以資考核；安全室經理亦當抽查，重視火警的相關情況，藉機考核相關人員勤惰。惟消防隊人員趕赴火場時，須注意本身安全，可搭乘電梯，須在現場的下一層步出電梯，再徒步上樓搜尋火點。

■通報聯絡組

　　通報聯絡組的訓練，須將中央控制室與電話總機在消防任務上比較說明：中央控制室雖集中各項監控設備，但值班人員較少，語言能力低，不似電話總機，值班人員較多，且英、日語通暢，若能取長補短，全

體運用,實務上亦屬可行。總之,凡受信總機設於何處,就應以何處為主,相互配合,惟責任必須釐清,在訓練上須加強統合。

如係電話總機負通報責任,其與自衛消防隊長在火警現場之聯絡,則須另有管道,總機室另設對講機台,與消防隊長使用專一頻道,於火警發生時開通,平時不使用,以免受干擾。總機與其他消防人員利用電話撥通呼叫器(火警專用),用前述阿拉伯數字指示火警樓層及地區,實務上使用極為方便。但均應反覆練習,總機值班人員均須熟諳至不加思索即可說明每項數字所代表之意涵。

總機方面的緊急廣播人員,需要訓練純熟,一定要做到不緊張、口齒清晰,經嚴密訓練即可克服。

當火警成災後,尚須通報相關單位,如通報程序圖所列,順序可顛倒,但不能遺漏,可將程序圖指列須通報單位,分開三或四處,分別由二或三位接線員分別電話通報,既可爭取時間,也不會遺漏,但均須訓練有素。

■ 疏散引導組

疏散引導組的訓練尤須經常實施,由於各外場主管異動頻繁,關於疏散引導之任務是否移交清楚,各所屬工作人員是否知悉緊急狀況時疏散客人至安全地點之重要性等,均應詳細說明。多數餐飲單位對長年訓練都有排斥心態,因為訓練時都利用工作人員休息時間,且餐廳工作人員向心力本不甚高,主管統率不易等諸多原因,對此項訓練之施行甚為困難,故更應加強。為方便施行,可採單一的餐廳個別施行,每次時間濃縮在半小時以內,讓餐廳主管、領班、組長及幹部,能記憶應站立在何處?向哪邊方向引導?客人較多時,如何維持秩序,不使因恐慌而混亂。可多次實施,每次時間不宜太長。

宴會廳的疏散訓練要注意分組,因客人多、範圍廣,除應在疏散出口及逃生門口自設引導據點外,尚須由幹部分別領導各分組在客人群中,引導客人向不同出口方向疏散,以免壅塞,造成混亂。

■救護中心

　　救護中心的訓練較單純，醫護人員皆有其本身的專業，惟須了解在緊急狀況時，自行攜帶醫療器材、氧氣瓶到達據點，插上救護中心標幟。擔架則由負責支援的行李員二人攜往報到。

■工程支援組

　　工程支援組任務重大，但因均係專業人員，訓練有素，遇緊急情況均能各就各位，是一支有效率的隊伍，在白天上班時間，對旅館的緊急事故貢獻最大，但在夜間因值勤人員不足，則是最大考驗，要能兼顧各項重要任務，亦必須經常演練純熟。

■火災指揮中心

　　火災指揮中心是由總經理或副總經理擔任總指揮，於掌握整個情況後下達指示自屬周延，何況更有安全主管一旁協助，但總經理、副總經理或安全主管並非二十四小時都能在旅館，有時候由大廳值勤及夜間經理擔任總指揮任務，此時值班的安全幹部又因其他任務不得一旁協助，皆須獨立作戰，故須有較多的訓練時機。

(二)消防演習（整體訓練）

■平時的消防演習

　　至少每月舉行一次，不定期也不定時，不通知旅客，實施前妥善規劃，並先派出偵測組，分赴各任務組視察作業與演習動作。假設某處發生火警，由通報聯絡組發出信號，自衛消防隊趕抵現場，核計到達時間，裁判組下達狀況，視消防隊反應能力；此時各疏散引導組進入據點，攜帶旗幟、手電筒，救護中心攜帶器材就指定位置，工程支援組各就各位，火災指揮中心就設置之位置。

　　每次演習結束後，立即檢討得失，集合裁判組與偵測組人員，由總經理主持檢討，並做成紀錄，要求改進。

利用火警誤報，偵測通報聯絡組及自衛消防隊，以及火災發生之責任區單位之作業情形，適時提出改進之要求。

■ 擴大消防演習

每年舉辦一次，選擇在營業淡季、旅客較少的時候實施，事先邀請市消防局指導，通知旅客配合疏散。由於此舉有造成旅客驚慌之虞，故須妥慎規劃，演習前三天，須將書面說明用中、英、日文寫印妥當後，放置在客房書桌上、枕頭上，但仍有大意的旅客未曾閱讀，以致在演習時驚慌不已者，或因對英、日語皆不甚明瞭者，尚須將印製妥善的說明書，於三天內前來投宿之旅客，在櫃台登記時，當面交付並予以解說。

仍須規劃裁判組、偵測組，用以考核各任務編組演習進行情形，做成書面紀錄。演習結束後，請董事長主持檢討會，核定獎懲。

演習約四十分鐘結束，事前準備每每需一週之期，事後檢討則需兩小時，但對消防工作則獲益頗大。

第四節　防火管理

預防發生火災，或萬一火災已成定局能迅速撲滅或予控制不致迅速擴大，以及逃生的整備等規劃作業，都要有良好的管理，雖然都是些枝微末節的事，但要能持之以恆，步步落實地去執行；國人不遵守秩序的壞習慣，處處表現無遺，只求自己方便，不管他人死活，是消防工作的致命傷，須知消防工作是關係多數人生命財產的事，是社會責任，自己的生命也在其中，所以需要人人關心，事事留心，處處小心，消防工作的管理，要求周密踏實。茲就實務經驗，說明一些具體的防範措施。

一、防火管理

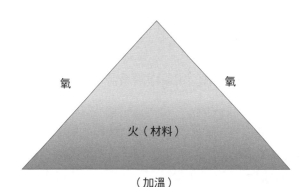

　　如圖所示，「火」的形成是材料加溫，再供給氧，才致燃燒，如果材料和溫度能夠控制，僅有可燃性的材料，而不給予溫度，是不會發生燃燒的變化，假若把材料放在真空中，雖然給予溫度，但因缺氧也不會燃燒。圖中的三角形，兩邊表示助燃的「氧」，三角的底線是材料（可燃性的物質），底線的下端表示溫度。用此三角形表示「火」的構成因素，可燃性的物質，以及煤氣（天然氣）、電氣等，都是日常生活所必需的材料，是文明生活一日不可或缺的必需品，本來是安全的，但因使用不慎，竟然變成威脅我們生命、財產的危險物品。我們要認知到，火災是可以預防的，發生火災大多可以說是人為因素造成的。

　　我們常聽說，某處火災是因電線走火，好像電線走火就該是沒有責任的，殊不知電線何以會走火，為什麼會讓電線走火，我們必須要問，電線能不走火嗎？能夠避免嗎？答案都是肯定的。電源線路原本有多重的保護措施，在負載增加到不能負荷時，開關會跳脫，電源中斷，但在瞬間可能產生火花，仍然不致有危險，但若在可能產生火花的接點處，放置易燃物，就可能引燃起火。

　　瓦斯的使用，套一句廣告詞說：「瓦斯本無害，不慎變成災」，電

線起火、瓦斯成災的新聞,在現代社會裡屢見不鮮,何以致之?不小心而已。旅館的危險性甚大,已如前述,更需要加強管理,茲贅述要點如下,雖皆屬老生常談,無足高論,倘若能一一做到,火災當不會發生。

第一,關於用電方面:

1.不許私接電源,各單位如須增設電源,須事先申請由專業人員核計負荷再行裝配。
2.電源線必須配塑膠套管,不許配設明線。
3.各場所一律不准使用個人電器用品,如電爐、電水壺、電熱器、電鍋、微波爐等。
4.廚房油煙重,電源線不許用鍘刀開關,無熔絲開關亦須加覆蓋。
5.爐罩上方的照明燈具須加裝防爆燈罩。
6.每日打烊後,除冰箱、魚池不切斷電源外,其他照明燈具及電氣用具,一律拔下插頭。

第二,關於瓦斯(天然氣)方面:

1.廚房使用天然瓦斯,須裝總閥,於暫不使用或打烊後,關閉總閥並予加鎖;使用瓶裝瓦斯,若暫不使用時,要先關瓶蓋開關,再關爐灶開關,不可以僅關爐灶開關,而不關瓶蓋(旋緊瓶蓋)開關。
2.打烊或停爐後,所有爐灶及烤箱均不得留有餘火。
3.最好是不使用瓶裝瓦斯,如須使用者,於每日打烊後須將瓦斯瓶搬移至戶外危險物品倉庫擺放,廚房或館內任何地方不許存放瓦斯瓶,空瓶亦不許擺放,須嚴格管制。
4.瓶裝瓦斯一律使用金屬軟管,絕對不許用塑膠軟管。
5.使用瓶裝瓦斯,停火或熄火時,須先旋緊瓶蓋後再關爐灶。
6.天然瓦斯或桶裝瓦斯在使用中被迫停火,切忌再點火,一定要先旋緊瓶蓋或關閉總閥後,稍停,聞聞看有無瓦斯外洩,確定未聞到瓦斯味後,才再點火。

第三，電源開關、電氣用具、爐灶旁、烤箱周圍，絕對禁止放置或懸掛任何易燃物品，如抹布、圍巾、圍裙、衣帽、紙張等，更不許烘烤衣物。

　　第四，抽油煙罩、煙罩濾網及灶台，於每天打烊後均須清洗，不留油漬、油垢。

　　第五，抽油煙管道內須配置自動灑水設備，並須定期清洗管壁油垢，有所謂刮油工程，中式廚房須半年一次，西式廚房可以一年一次。

　　第六，館內任何場所皆禁止灌裝氧氣氣球，並禁止將氧氣瓶攜入館內，可以氮氣代用。

　　第七，館內禁止裝設霓虹燈管，尤其不許將霓虹燈管裝在不易散熱的玻璃或塑膠罩內。

　　第八，每年耶誕節，必然裝設耶誕樹，裝飾耶誕燈鋪設棉花球、懸掛飾物，琳瑯滿目，盡是易燃物；耶誕燈泡一定得選擇有保證規格之產品，如一旦短路燃燒，即不可收拾。要規定關燈時間，絕對不容許二十四小時使用。

　　第九，洗衣房是產生高溫場所，衣物皆屬易燃物品，尤其是經燙漿後的布巾類，疊放的庫房內，要特別注意散熱的設備裝置。

　　第十，關於工程施工中事項：

1.工程施工中若須使用焊接，火星四散，經驗中曾見發生火災，需要有萬全的準備。即先準備手提滅火器放置一旁，在狹小的施工空間四周及地面，鋪掛不易燃燒的圍屏。

2.選擇焊接點，須不是易燃的材質，曾經有過一次痛苦的經驗，值得說明：施工人員應廚房的要求，增設一盞日光燈供照明用，找不到可以吊掛日光燈的地方，竟然在抽油煙管的接頭邊沿上，用焊槍穿洞，將日光燈懸掛在邊沿上，工程結束，工作人員尚未離開，大約是六分鐘左右就冒出濃煙，原來是焊燒油管邊沿時，因高溫將油管內油垢燃燒，所幸油管內積垢不多，因剛好做過刮油工程，而且發

覺早，迅速予以撲滅，但也大費周章，因管壁內轉角處積垢多，不易清除，燃燒的時間雖短，清除的工作卻在五個小時以上。

3.噴漆施工因油漆離子有如濃霧。如有火源，引起燃燒，甚或爆炸的可能皆有，所以在施工前應打開門窗，壓縮機因可能冒火花，要放在室外。

第十一，因亂丟菸蒂引起的火災不勝枚舉，公共場所已禁止吸菸，宜規劃指定的吸菸區。惟客房內仍有吸菸的可能，對菸蒂的處理須有嚴格的規定，切忌直接將菸蒂倒在垃圾桶或垃圾袋內，蓋恐菸蒂尚未完全熄滅，應先集中在金屬容器內，予以降溫或澆水，完全熄滅後才傾倒於垃圾袋。

第十二，任何產生高溫或高熱量的環境，其四周都要有散熱的空間，大至一座爐灶，小至一個燈頭，其周邊的其他質材要有防火措施。須知任何物質在恆久的高溫下都會變質，都有可能燃燒，需要經常檢查，於必要時更換，在前面曾舉例說明過。

二、設備管理

消防設備及相同的器物，已有部分在前面介紹過，計有自動報警系統、自動滅火系統、泡沫灑水系統、受信總（副）機、自動排煙系統、發電機、泵浦、逃生路線、逃生方向指示燈、緊急照明、消防水池等等，均為消防有關設備，均需要經常保持在堪用狀態，維護保養不得中斷。茲從實務經驗的體驗中，獲知下述重點：

(一)定期或不定期的檢查紀錄

要達到設備維護，經常保持在堪用狀態的目標，需要經常性的檢查，或半年、或每月、或每週、或每天實施檢查，均設定檢查表，由執行的檢查人員簽名於檢查表上，負責考核的人於查核後也簽名，消防管理人

員也要覆核後簽名，責任明確。如受信總（副）機為自動報警系統之總樞紐，一旦故障，火警信號就傳遞不進來，建築物內任何一只感知器、灑水頭、水泵浦，或排（給）風柵門啟動，受信總機皆不能接受信號，萬一發生火警，其他的一切機制完全發生不了功用，可能就是一場大災害，所以要每天測試，設置檢查紀錄。

(二)檢查責任分工

前述諸多消防設備之保管、檢查、使用，有屬於專業性的，當然需要由專業技術人員負責，也有些並不是專業性的，就可以由非專業人員負責。有的可能從外觀上就能夠發現缺失，或者很容易就能恢復其功能者，例如消防栓上的紅色指示燈如果熄滅，只要取下燈罩，換上燈泡就可立即恢復；有的則須發現缺失，通報專業人員前往處理，就可以歸責由「責任區」負責保管，設置維護保養紀錄，記錄檢查的期間、檢查項目、處理情形等，以明責任，例如消防指示燈熄滅，何時發現？何時通報？何時修理？或者是手提滅火器壓力錶不正常或放置位置異動，是何時發現？何時通知責管單位？何時換新或處理？均須明確記錄。

(三)檢查時期與檢查要點

1. 受信總（副）機須每天測試，檢查線路是否中斷。依法令規定，消防受信總（副）機須裝置在有值班人員之值班室內，應該由每天第一班接班人員於接班之始，即進行斷路測試，列入紀錄。
2. 自備發電機，須每週啟動一次，油料儲備列入檢查，由專業人員管理，備檢查紀錄。
3. 消防泵浦每週檢查，查看儀錶，壓力是否在正常值，屬專業人員責任，每次檢查均有記錄。
4. 消防栓上紅燈，是指示消防栓位置，遇火警發生，會自行閃爍，指示該地區在火警狀況中。如燈泡損壞因而熄滅，須即更換，消防栓

內有口徑一點五英寸伸縮水帶，要求摺疊吊掛整齊，配有水瞄一支，須檢查是否齊全，若水帶曾經使用，是否晾乾，手動報警強壓片有無鬆脫等。除紅色指示燈可從外觀發現是否熄滅外，其餘每月檢查一次。

5. 緊急廣播系統每月測試一次，可採用音樂測試音量，每月選擇不同地區試聽音量，是否在規定值內，詳列記錄。

6. 各類型感知器分布甚廣，為數眾多，每月舉辦的消防演習，選擇不同地區進行測試外，任何一個感知器，在半年內必須輪到一次測試，應是專業的責任。

7. 手提滅火器依法令規定，每百平方公尺面積內須放置二十型乾粉滅火器一具，面積超過五十公尺再增設一具，須放置在固定地點，不得移動，應每月檢查一次，檢查數量、察看壓力錶是否正常，保險栓、把手、底部有無生銹等，從外觀即可察知，應屬責任區單位保管及負檢查責任。

8. 逃生指示燈裝置在各個逃生路口，與逃生路線的牆壁上。燈泡有無熄滅，是否脫落，從外觀就能察覺，應由責任區單位負責每日檢查，隨時發覺後通知工程部門派員檢修。

9. 排（給）風設備每三個月測試一次，是專業單位責任，須設定記錄。

10. 防火鐵捲門、閉鎖門，每三個月檢查一次，測試自動功能，是專業的責任。

11. 安全門及逃生樓梯的檢查，由責任區範圍內的單位負責，應經常檢查，隨時注意，安全門須保持關閉狀態，安全通道（樓梯間）要保持通暢，不得放置任何物品妨礙通行。安全作業單位應每週檢查一次，並予記錄。

第五節 避難疏散規劃

　　火災的發生是因為在不安全的環境加上不安全的行為，是偶然而非必然，注意防範，加強管理，消除任何不安全的因素，固然可以減少其發生，但仍難使其絕對不發生。所以需要培養自救的能力，滅火訓練有成，對初期火災能即時撲滅，或能限制其發展擴大。旅館內員工眾多，對火災的相關事項都須認真，不掉以輕心，火災是能加以控制的。惟旅館內旅客多，因其面對陌生環境，遇到特殊緊急狀況時，難免驚慌失措，（火警）雖尚未到達緊張危急狀況，一旦聞警也會驚慌，而致傷害。設若情況緊急必須疏散時，如無良好的規劃，損傷必然嚴重，不僅難逃法律責任，且國際喧騰，貽笑大方。茲將避難疏散的注意事項，列述於下：

一、緊急避難疏散時機

　　火警警鈴鳴響之後，緊急廣播就該同時播出緊急疏散的通告，惟在實務上並非如此，說明其中原委後，才能了解此乃合乎情理的現實。前面曾經說明過，旅館內的火警誤報，一天三、五次，是稀鬆平常的事，無法避免，又極頻繁，如每次誤報，地區警鈴鳴響，可能每天都在火警的驚惶中，所以旅館的受信總（副）機上面的地區警鈴都暫時關閉。也就是說，當自動報警系統或手動報警雖然啟動，受信總（副）機亦接到信號，但火警警鈴只有總（副）機的警鈴會響，地區警鈴不會響，惟消防栓的指示燈仍會閃爍，此乃實際情形，中外皆然。雖然不符合法令規定，但因不能克服困難，國內、外的旅館全都是如此，所以才有廣播疏散的時機問題。當火警發生，或是誤報火警後，自衛消防隊人員無論誤報與否，均須於三分鐘內趕抵現場，若果然是火警而非誤報，須立即回報，即向通報聯絡組報告現場情形，確知是火警發生，此時才是正確的廣播疏散時機。

二、逃生路線規劃

避難逃生不能搭乘電梯，是因電梯可能電源中斷而停止。因火災發生後，先有濃煙竄動，充斥在所有的空間內，電梯的空間裡常是集匯濃煙的空間，所以電梯不能搭乘，一定要從逃生樓梯向下方逃生。人員在建築物中應朝向哪一方向逃避，須有詳細的規劃，其重點如下：

(一)書面作業

建築物內每一樓層的平面圖，都要將逃生路線標示明白，將每一個逃生出口以順時針方向編號，以便記憶，且有利於表達。

各樓層平面圖有標示逃生路線及逃生口，須繪製印刷，供旅客需索，尤其宴會廳所在的樓層，常有利用宴會廳作會議使用，或大型酒會及展覽會場，要求提供此項平面圖者，皆需要有所準備。

(二)指定疏散引導人員位置

凡逃生門口及逃生通道、逃生路線之適當地點，須安置人員站立，

逃生出口標誌

資料來源：維基百科。

引導客人向逃生門疏散至安全地點,以免旅客倉皇中不知向何方疏散,因而混亂。此項引導疏散之人員,已在前節中說明,此間不再強調。須在樓層平面圖上將引導疏散人員站立的位置標示明白,並另拍攝照片,說明關係位置,以免發生錯誤。

(三)必須的裝備

疏散引導人員因須站立在適當地點,引導客人有秩序的自逃生路線走向逃生門,應手執三角旗,在夜間則執指揮棒,並帶口哨,於必要時,用哨聲引導客人。

(四)疏散引導人員擔負保護客人的重大任務

疏散引導人員責任重大,客房樓層負責引導人員必須逐一察看客房內有無熟睡或酒醉客人尚未離去,必須全部旅客均已疏散後,始得撤離。餐飲單位人員須察看廁所內是否尚有客人,或因醉酒尚未撤離之客人,或須扶持等。

三、逃生集合場地

當全部旅客均已逃離至建築物外,需要集中清點人數,此一集合場地之選擇,需要事先規劃,俾利引導疏散人員,逐一地將旅客引導至集中地點。

本旅館的員工須在另一地點集中,不與旅客混雜一起。餐飲顧客因多為本地人士,可不必集中。

旅客中如有受傷者,須陪同至醫院診治,並安排旅館經理以上人員前往慰問。如旅館因災害已不堪使用時,尚須安排旅客至附近其他旅館住宿,如火災已獲控制,旅館損失不大,尚可住宿,須即刻將旅客送回客房,妥予安撫。

第六節　一般消防演練及擴大消防演習

1. 平時的一般演練，著重員工認識火災及使用消防器材，尤其自衛消防隊，能迅速於三分鐘內到達火災現場，通訊聯絡組能迅速正確通報等。

2. 擴大消防演習：是指整間旅館人員全員參與，甚至旅客都能參與，周密計畫，多次預習。

   (1) 決定何日何時何地舉行：選擇旅客較少之淡季舉辦。

   (2) 先行書面呈報市警察局、地區分局、派出所、交通大隊、管轄中小隊。

   (3) 與管轄消防大隊、分隊密切聯繫，並要求指派專人輔導並支援演習。

   (4) 選擇大廳大堂經理辦公室為演習總指揮場所。

   (5) 總經理為演習總指揮，安全經理為執行祕書。

   (6) 各部門經理為自己部門當然指揮，隨時接受指令配合演習。

   (7) 前一日準備演習海報，包括將演習計畫書放置在客房明顯處告知旅客，並於櫃台放置此通知書，凡經過櫃台旅客均致送一冊並口頭宣導，籲請旅客參與。

   (8) 選擇在旅館外面作為疏散旅客集中的安全地點，指派客房部人員持旅客名單清點人數，如有未到旅客，通知房務部再至該房搜索，是否旅客熟睡或休息中，並協助疏散。於演習完畢後，致贈旅客禮品。

   (9) 選擇員工在館外集中的安全地點，要求員工按照計畫疏散至安全地點集中，以便於人事部門在各單位協助下清點人數。

   (10) 旅客如須轉送其他旅館或護送醫院，必須掌握哪家旅館、哪家醫院及人數、姓名及住房資料，並報告總指揮。

(11)撥打電話119報告火災地點及搶救情形，請求支援。

(12)公共關係室注意接待新聞記者。

(13)演習時間以一小時為原則，演習結束後立即召集各部門檢討得失。

第七節　閉路電視

　　現今閉路電視（closed circuit television）的設置已極普遍，大街小巷隨處可見，可是缺乏好的管理，只能錄影存檔，或可能有嚇阻作用。旅館內的閉路電視，有其一定的效能，必須有專人監看，不僅有錄影，還可以發揮立即的效能，例如：

1. 曾有日籍旅客在客房浴室內焚燒棉被，閉路電視發現從門縫隙冒出濃煙，乃迅速通報，遏止住一場災難，原來是日籍旅客自香港來台，在香港與女友發生齟齬，來台後住進旅館，失意苦惱之際，致將女友贈送的棉被燒燬洩恨，幾乎造成火災。

2. 在個案研究裡曾提及的日籍夫婦幾乎被劫，經由閉路電視發現可疑人物並當場逮捕，亦是閉路電視的功效。

3. 大廳有兩次竊案，均賴閉路電視供警方偵破，旅客的財物失而復得：一次是美籍年輕夫婦在櫃台結帳時，放在腳旁的手提箱被一名男子竊取，發現後從閉路電視錄影中，清清楚楚的看見一著灰色夾克的男子行竊的狀態。另一件是大廳供旅客休息的無靠背長沙發上，來自土耳其的旅客把手提箱放在不同方向的沙發旁，一中年男子假裝看報，見有機可乘時，竊得皮箱迅速離開，都有清楚的錄影，協助警方立即破獲。

4. 在客房樓層見一中年男子，三次按同一房間門鈴，待人應答後，每次都匆忙回到大廳與團體會合，一副恐慌的情狀，為閉路電視追蹤

捕捉，立即通報安全主管前往了解，得知是從彰化來，要找以色列的旅客討債，答應他們當日中午見面付款，竟然找不到人，經協助查知該名客人已經退房前往機場，他們立即趕赴機場將其堵回，討得帳款，對旅館萬分感激。

閉路電視設施的功能，不僅如上述的防盜、防竊、防止意外之能，尚有其邊際效益，例如：

1.客房樓層多為女性員工，每天分上下午時間進入客房整理房間，規定當客人在房間時，房門要打開約30度，工作推車放在門口，客人不在房間，進房時房門須關閉，閉路電視可完整看到女服務員作業情形。還訓練員工當發現可疑人物時，可在攝影鏡頭下以手勢透過閉路電視聯繫負責人員，除可以保護員工不受侵擾，還能發覺可疑之處，增加安全效益。

2.為了防止員工媒介色情，規定員工應旅客召喚進入客房，或行李員送行李到客房，以不超過三分鐘為原則。故員工或行李員進入客房皆錄影備查，用以考核員工操守。

閉路電視除以上所述效益外，還能收到嚇阻作用，是故在設施上須注意以下重點：

1.舉凡客人活動場所，均須依據環境需要設置，必須組織綿密，客房樓層、大廳、走道、保險櫃房及其出入口、餐廳進出口、停車場等地，務期能連貫使其能達到追蹤目的。

2.重要場所為保險櫃房及進出口須設彩色鏡頭。

3.設專人監督，確實選擇監督人員的靈敏反應。

4.設置位置最好能與消防受信總機在一起，既可節省人力，亦能更具效果。

5.大面積地區如大廳設置旋轉攝影鏡頭，要能交叉重疊，以便銜接追蹤。

Chapter 8

員工安全管理

　　諺云：「無規矩，不成方圓。」旅館是人多的地方，客人多，從業員工也多，客人的行動不能加以任意限制。但從設施上，可以約定在一定的範圍，從業員工因人數眾多，就必須把行動和作為約束在「規矩」和「方圓」裡面，除了訂定法規外，還得有合情合理的管理，如何建立管理制度，如何建立行為規範，將是本章討論的範圍。

　　本章內容首先從員工管理與安全問題談起，再敘述員工安全教育及勞工安全衛生管理，以及各類員工安全守則等。

第一節　員工管理與安全問題

　　旅館的特性就是人多，旅客多，餐飲顧客多，需要服務的員工更多。因為服務的需要，旅館的分工也細，各部門的員工各有所長，各有所司，前場有前場人員的特性，後場有後場人員的特性，大多是年輕、幹練、敏捷、反應也快。旅館是服務業，是以強調服務為招徠旅客的特殊條件，在前場的工作人員固應以服務為第一，就是後場人員，雖不是直接接觸客人，卻仍須保持禮貌，創造旅館服務的特殊環境。旅館對所屬員工的管理，除要求遵守人事法規，鼓勵奮發外，也應提醒員工注意禮節，要求保持微笑。當更須要求安全的管理，不僅是為了員工本身的安全，更是為著旅客的安全。具體的要求如下述各項。

一、建立行為規範

　　旅館的特殊文化，就是要一個秩序井然的環境。沒有秩序，就無安全可言，為了維護旅館整體的安全，需要建立員工行為規範。茲舉下列數端，藉供參考：

　　第一，內、外場需要有嚴格的區隔，內場工作人員若不是工作所

需，不能隨便到外場走動，除非有充足的理由，否則不應到旅客活動的場所走動，例如：

 1.客用電梯。
 2.客房樓層。
 3.客用大廳。
 4.商務活動中心。
 5.營業餐廳。
 6.客用走廊。

 第二，客人使用的設施，禁止員工使用，除非有充分的理由。例如：

 1.在大廳或穿堂的客用電話，包括公用電話、館內電話。
 2.客用車輛。
 3.供客人使用的雨傘、傘套等等。

 第三，員工在工作場所須穿著制服，公司未提供制服者，亦不得奇裝異服，男性須著套裝，女生不穿長褲，須著裙子。
 第四，在館內任何場所都不許奔走、跳躍，行走時要從容不迫，彬彬有禮，表現出紳士、淑女的風範。
 第五，不大聲喧嘩，言談、舉止大方，隨時考慮應以客人為尊，不妨礙他人。
 第六，培養管閒事的風氣，凡發現環境遭破壞，如地磚上有水漬，地上有垃圾、菸蒂等，自己一舉手就能解決者，就直接自己處理，如非本身可以處理者，可轉知責管單位處理，建立共同維護環境整潔的意識。
 第七，不容許暴力或粗魯的行為，互相鬥毆，甚至持械行凶，一經查明，立即開除。
 第八，不許涉及色情。旅客的類型複雜，在旅遊中的人很容易放鬆

情緒，心存綺念，偏偏又多的是色情誘惑，這僅是供求的原則，旅館無權也無能過問。惟旅館從業人員絕對不能參與，否則問題就更嚴重而且複雜了。絕對不容許少數員工因牟利而涉及色情，因為那樣會破壞旅館的服務水準，讓人誤會旅館是不正當的行業。

二、個人、團體的安全互動

個人不當的作為會影響本身的生命及身體危害，同時也可能因個人的危險行為，妨礙他人的生命及身體，進而影響社會與國家；珍惜自己，同時就是關心別人，進而促進社會和國家整體利益，並非高調，從以下的論述，當可以明白其中道理：

(一)個人的生活與安全

生活的理想在追求舒適，而安全是舒適與否的先決條件。「安全」二字很抽象，不像食物、金錢、房屋、汽車那樣是具體的東西，但它是真的存在我們日常生活中，每個人都有維護安全和自衛的本能，並且也有察覺自身安危的警覺，沒有一個正常的人願意受傷害，也沒有人願意自己死亡；除非是生理或心理不正常的人，這就是人類要求安全的一種天性。初生嬰兒在還未張開眼睛前，就會吸吮，兩隻手就有握力，也就是需要飲食來維持生命，小手握緊才不會驚恐。不僅如此，也不願意別人受傷或是死亡，這是人類社會行為發展後的安全要求，所以防止危害事故的發生，需要這個國家、整體社會和全體員工共同努力、熱忱參與、全力合作，才能完成。

旅館從業人員是服務旅客的主要角色，要做好自己的角色，就必須身體健康、行動敏捷，才不會發生意外，也才能維護旅客的安全。在旅館這一團隊中，個人的健康就是服務旅客的保證，每一團隊的員工都是極重要的角色。

意外的發生，在飯店裡有85%是由於旅客和員工的危險行為所引起，僅有15%是環境不安全因素所引起。

工作時受傷的最大原因是跌倒，其原因包括電線、地毯邊沿、亂放的掃把、托盤，以及地板上濕滑等，這些日常極容易發生的危險因素，如能一一加以消除，傷害是可以避免的。其他危險行為還包括：

1.匆忙或抄捷徑。

2.工作時戲謔。

3.不重視工作守則。

4.忽略工作程序。

5.提舉重物姿勢不正確。

6.攀爬時不小心。

7.處理滾熱液體的方式不正確。

8.操作切磨機械的方式不正確。

9.工作時沒有注意周圍的環境。

(二)團體的不安全因素

團體的不安全因素是指環境危險因素而言，個人因環境不良而致傷害的因素如下：

1.照明不足。

2.地毯邊沿脫線或翹起。

3.地板太濕滑。

4.潑在地上的液體未即時處理。

5.通道上擺放物品不當。

6.碗、盤與瓷器或玻璃器皿有缺口。

7.桌椅堆置不當，或未按規定存放。

8.破損的桌椅未丟棄或未修理。

9.懸掛物的高度不夠或未固定。

(三)旅館內的傷害事件分析

事故調查報告表見**表8-1**。

表8-1　事故調查報告表

傷害事件類別	百分比
燒傷	5%
手操作工具受傷	5%
異物跑進眼睛裡	5%
碰傷	6%
夾到或壓到	6%
推動物件受傷	10%
被（門、推車等）撞到	10%
割傷	11%
在平地跌倒	16%
提舉重物受傷	11%
其他	15%

資料來源：作者整理。

(四)員工傷害事故之處理

員工在工作場所受到身體上的傷害，或是在上下班途中因交通事故的傷害，都必須調查分析該事故發生的因素，認真了解發生的情況，作為改進的依據。同時對受傷害的員工，善盡醫療保護的責任，有所謂「前事不忘，後事之師也」，並且對受傷害的員工依法可獲得的福利，亦須獲得保障，還要追究責任歸屬。

下列之調查表式（**表8-2**、**表8-3**）須於受傷後由主管人員協助詳細查填，先送人事部門會知安全部門辦理申請公假事宜。

表8-2　公假申請表

　　本表供因公受傷員工申請公假，由服務單位主管負責查填後送人事部門會同安全部門辦理。須盡量翔實查填，如空白處不敷填寫，可另加附紙張，如有照片或圖說，一併附送，須於發生之二日內填報，俾免影響員工權益。另附傷害事件分析表一併填送。

受傷員工

姓名 ＿＿＿＿＿＿ 年齡 ＿＿＿＿＿＿ 籍貫 ＿＿＿＿＿＿ 性別 ＿＿＿＿＿＿

已／未婚 ＿＿＿＿＿＿ 服務單位 ＿＿＿＿＿ 職級 ＿＿＿＿＿ 薪資 ＿＿＿＿＿

住址 ＿＿＿＿＿＿＿＿＿＿＿＿＿＿＿＿＿＿＿＿＿＿＿＿＿＿＿＿＿＿＿＿＿

工作地點 ＿＿＿＿＿＿＿＿＿＿＿＿＿＿＿＿＿＿＿＿＿＿＿＿＿＿＿＿＿＿

受傷時位置 ＿＿＿＿＿＿＿＿＿＿＿＿＿＿＿＿＿＿＿＿＿＿＿＿＿＿＿＿

受傷時從事的工作 ＿＿＿＿＿＿＿＿＿＿＿＿＿＿＿＿＿＿＿＿＿＿＿＿＿

受傷工作是否指定工作 ＿＿＿＿＿＿＿＿＿＿＿＿＿＿＿＿＿＿＿＿＿＿＿

事故發生時間 ＿＿＿ 年 ＿＿＿ 月 ＿＿＿ 日（星期＿）＿＿＿ 午 ＿＿＿ 時 ＿＿＿ 分

急救經過（治療情形）＿＿＿＿＿＿＿＿＿＿＿＿＿＿＿＿＿＿＿＿＿＿＿

交通事故發生地 ＿＿＿＿＿＿＿＿＿＿＿＿＿＿＿＿＿＿＿＿＿＿＿＿＿＿

報案經過 ＿＿＿＿＿＿＿＿＿＿＿＿＿＿＿＿＿＿＿＿＿＿＿＿＿＿＿＿＿

距公司里程 ＿＿＿＿＿＿＿＿＿＿＿＿＿＿＿＿＿＿＿＿＿＿＿＿＿＿＿＿

距住宅里程 ＿＿＿＿＿＿＿＿＿＿＿＿＿＿＿＿＿＿＿＿＿＿＿＿＿＿＿＿

交通工具 ＿＿＿＿＿＿＿＿＿＿＿＿＿＿＿＿＿＿＿＿＿＿＿＿＿＿＿＿＿

事故對工作環境之影響 ＿＿＿＿＿＿＿＿＿＿＿＿＿＿＿＿＿＿＿＿＿＿＿

致傷之工具、機器或其他物件 ＿＿＿＿＿＿＿＿＿＿＿＿＿＿＿＿＿＿＿＿

何種動力？＿＿＿＿＿＿＿＿＿＿＿＿＿＿＿＿＿＿＿＿＿＿＿＿＿＿＿＿

致傷之工具或機器屬於何部分 ＿＿＿＿＿＿＿＿＿＿＿＿＿＿＿＿＿＿＿＿

以前是否曾發生相同或類似事故 ＿＿＿＿＿＿＿＿＿＿＿＿＿＿＿＿＿＿＿

受傷情形（傷害之部位）＿＿＿＿＿＿＿＿＿＿＿＿＿＿＿＿＿＿＿＿＿＿

就醫診所 ＿＿＿＿＿＿＿＿＿＿＿＿＿＿＿＿＿＿＿＿＿＿＿＿＿＿＿＿＿

預估須治療日期 ＿＿＿＿＿＿＿＿＿＿＿＿＿＿＿＿＿＿＿＿＿＿＿＿＿＿

服務單位 ＿＿＿＿＿＿＿＿＿＿＿＿＿＿＿＿＿＿＿＿＿＿＿＿＿＿＿＿＿

主管 ＿＿＿＿＿＿＿＿＿＿＿＿＿＿＿＿ 填表日期 ＿＿＿ 年 ＿＿＿ 月 ＿＿＿ 日

表8-3　傷害事件分析表

　　本表由傷害事件之單位主管負責調查，將表列事故原因勾出，可複選一或數題。

A.屬於監督者責任

　1.未曾施訓，逕行工作

　2.雖曾施訓，教育不周

　3.未嚴格要求執行守則

　4.工作時未配戴安全配備（如護眼、面
　　具、安全帶、安全帽等）

　5.工作前未先檢查設備

　6.未正確使用安全設備或工具

　7.工作方法不適當

　8.工作計畫不當

　9.工作時間太急促或趕工

B.屬於個人責任或本人特殊性格所致

　1.匆忙或抄捷徑（不按工作程序）

　2.雖配有安全配備但不使用

　3.雖有安全設備但不使用

　4.操作工具不當

　5.戲謔

　6.不遵守工作守則或上級指示

　7.疏忽

　8.缺乏經驗

　9.生理、心理有缺陷

　10.工作時，身體位置不當

　11.工作方法不正確

　12.同事的行為所致

　13.衣著不適當

C.由於設備或器材所致

　1.設備防護不周密

　2.設備未有護罩

　3.材料失效

　4.工具失效

　5.設備失效

　6.電動之力失效或車輛故障

　7.機具形式不適當或設計不良

　8.機具、設備、材料的安全性不足

D.屬於不安全環境

　1.光線不足

　2.通風設施不良

　3.工作區狹窄

　4.器材、工具等堆積儲放不當

　5.未設逃生出口，或被堵塞

　6.工作區內地上散置各類物件

　7.地面太溼滑

　8.地面不平整

意見表達：（本表所列各項尚未包括之因素，或其他意見）

主管（簽章）

調查意見：人事部　　　　　　　月　　日
　　　　　　安全部　　　　　　　月　　日

個案研究

員工竊盜案

　　旅館的人事部門備有保險櫃，供旅館員工借用，保險櫃放置在人事室的辦公室內，因為旅館外場單位的員工，如果是收了會錢，或是從家裡帶到工作場所的值錢東西，完全沒有地方可以安全儲放，人事部門為了造福員工、照顧員工，就有這樣的設施。

　　負責管理保險櫃的女職員因為保管一筆六十多萬元的公款，存放在自己的保險櫃裡，卻把保險櫃的鑰匙放在自己的抽屜裡，第二天上班發現抽屜被撬開，保險櫃的鑰匙有人動過，驚慌地打開保險櫃，鉅款已然失蹤，驚駭得冷汗直流，哭泣不已。安全室據報前來勘查現場，發現人事室的天花板有異，可能是從天花板下來的，懷疑是內賊。人事室旁邊的辦公室是美工組，美工組靠人事室隔壁的辦公桌上有鞋印，可見竊賊是先到美工組，再從天花板上翻過人事部，美工組旁是一個管道間，隔間牆上端恰有一個小洞，一個人可以爬過去，管道間也有同樣的鞋印，很明顯是由管道間爬到美工組，再翻過人事部，得手後打開人事部辦公室門外出。作案時間應是在半夜，乃決定暫不聲張，判斷該竊賊一定還會再度光顧，他一定以為保險櫃裡還有財物，於是當晚派人埋伏在人事室的辦公室裡守株待兔，準備甕中捉鱉。

　　就在第三天夜晚，竊賊果然由原路回到辦公室，手到擒來，不是別人，竟然是管倉庫的員工，而不是原來懷疑的工程部人員。因為管道間是工程部管理的，管道間加鎖，只有工程部才能開啟，萬沒想到這名員工早有預謀，先偷竊了管道間的鑰匙，利用夜班輪值時間，把一切都計畫好以後，動手即獲鉅利，食髓知味，終至落網。

分析

　　當竊案發生後，因損失鉅額公款，不僅當事人惶恐哭泣，小職員

月薪有限，如何能夠賠償，就是隸屬的主管也感到責任重大，驚慌不已，幸虧保持現場跡證完整，能有據以判斷的資料。該倉庫員工蓄意行竊，策劃已久，事先藏匿了管道間的鑰匙，才能從管道間爬到隔壁的房間，也就因此留下了破綻，才得以循線破獲。從發生到破獲僅三天，竊得的鉅款已所剩無幾，最後由家屬賠償。

思考方向與訓練

　　主管人員對其所屬生活考核，亦得認真，有多數主管人員說，部屬在家的生活無從了解，對其生活無從考核，應該是推卸責任的說法。部屬在工作以外的時間，雖然無法盡知了解，但其在工作中的表現也能查知一二。以本案為例，該倉庫員工就常精神不振，而且不遵守工作時間，遲到早退有之，羈留在工作場所久不離去的情形亦有之，應能發覺其不正常的情形，只是未予注意而已，主管人員宜注意部屬平日的生活考核。

第二節　員工安全教育

　　員工安全教育不應限於基層人員，還應包括各級主管人員，甚至各部室經理。旅館員工流動率大，很多是第一次就業、初入社會的青年，上班兩三天就另外找工作去了，在沒有完全肯定這項工作前，工作時間都不會太長。尤其是在餐飲場所服務的工作人員異動頻繁，訓練很浪費時間，但卻是不可忽略的重大事項。

　　不僅基層員工需要安全訓練，各級主管及各部門經理級人員也必須了解建築物內的各項設施、各類安全設備，以及主管人員的責任，尤其是責任區制度的精神。安全工作的成效，端視主管人員對安全任務的認識與

執行態度。經營旅館，營利當然是大前提，營運不佳，投資者會考慮更換經營人員，投資者的損失還只是財富，假若發生安全上的重大事故，損失就不只是財富，更涉及人命或身體的損害，小可以賠償了事，大則還要負法律責任。忽略安全任務所招致的嚴重程度，遠超過經營不善，旅館業者對員工安全教育的投資是很現實的事。

一、新進員工訓練

新進員工原則上是先完成訓練後才投入工作，但往往是先上工後再施訓，原因已如前述，員工流動太快，營業單位人手不足，必須立即補充人力後再陸續補足訓練的需要。此一實際狀況，主管人員也常擔心受怕，毫無工作經驗的新進員工，除了擔心他們工作上的疏失，招致客人的抱怨，若因而發生職業傷害，就是重大事件。

新進員工安全教育課程，包括：

(一)認識環境（一小時）

1.旅館的特性。
2.安全工作的重要性。
3.安全與秩序的關係。

(二)消防工作（二小時）

1.旅館業屬於甲類防護場所。
2.「火」的成因。
3.「火災」的種類。
4.消防防護計畫介紹：
　　(1)火災是可以預防的，人人注意防火。
　　(2)如何撲滅火警，星星之火可以燎原。
　　(3)操作滅火器材（演練示範）。

5.實地介紹消防設施：

　　(1)各類型感知器及其裝設位置。

　　(2)給（排）風設備及其功能。

　　(3)緊急照明設施、逃生指示燈、安全門、安全梯道等。

　　(4)防火區隔。

　　(5)消防栓。

　　(6)發電機、幫浦等。

6.緊急逃生，疏散規劃。

(三)消防編組（一小時）

1.責任區規劃。

2.自衛消防隊簡介。

3.各外場單位任務編組──防護組。

(四)勞工安全衛生組織簡介（二小時）

1.防止職業災害。

2.各類場所的安全守則。

3.各類工作的安全守則。

(五)安全部門工作簡介（一小時）

1.安全部門組織。

2.安全警衛的職責，與各單位的工作關係。

二、定期教育

　　旅館業因有淡、旺季之分，在淡季時住客率降低，工作較清閒，是施行定期教育的好時機。但為配合地方警察機關相關的防護訓練，每半年一次的全面教育也需要排定時間配合實施；惟多在半天內、採輪流方

式，容易解決。館內定期教育，務必要做到人人都能參與，則需要時間較長，要有周密的計畫，才不致影響營業，又能達到目標。

課程的安排非常重要，有的課程可以在室內，時間較短，有的則須在室外，時間較長，還要顧及員工的興趣，訓練內容需要很精緻。茲將室內室外的課程分別說明如下：

(一)室內課程

每一節以不超過一小時為原則，各單位人員集中在教室內實施：

1.責任區的各項防護措施。
2.應變能力。
3.旅館從業人員對旅客安全的責任。
4.職業災害的認識。

(二)室外課程

以消防訓練為主：

1.介紹認識各項消防設備，如消防栓位置、內部設施等。
2.選擇訓練場地，以能使用手提滅火器及熟練伸縮水帶之使用方法等，均要能個別操作，期能完成滅火訓練。

三、機會教育

旅館的投資與經營自然是以營利為目的，教育訓練如果影響營業，是極不可能的事。在不影響營業的前提下，選擇適當時機達成教育訓練的目的，頗為重要。施訓對象以三至五人為宜，時間二十或三十分鐘，移樽就教地選擇在營業現場皆可，收到的效果反而更大。過去曾在咖啡廳準備接班、主管正集合接班前訓練的時間，扼要說明在咖啡廳活動的扒手其行竊模式，如何發覺、如何防範、如何才能予以現場捕獲，允予高額獎

金，竟然在數小時後，就在現場捕獲竊賊，真是人贓俱獲。

不限時間、不限場地，凡是有員工集會的場所，皆可利用，例如：

1. 各單位的會議若能占用十分鐘時間，可以說明某項安全措施需要配合施行。
2. 遇有主管會議，代表安全單位列席，於工作報告之際宣導安全措施，呼籲各單位主管協助或配合。
3. 針對各外場單位的任務編組，因其工作環境互異，任務有所不同，利用其個別集合機會，分別說明其任務的特性，要求配合，頗收實效。

隨機教育效果豐碩，較定期施教更方便掌握情狀，達到預期的目標。

四、安全人員教育

除參加一般員工教育外，並加強專業訓練，且須強調個人操守、觀念與執行勤務技巧：

1. 安全人員以守護顧客、保護員工生命財產為職志，協助旅館營運，執行勤務不是目的，公司的營運才是執行工作的目的，更不能存有個人的任何利益。
2. 個人操守須特別注意。旅館前場工作人員為旅客服務時多接受客人給予小費，安全人員即使有提供特別服務的機會，但不允許接受小費，一旦察覺，立即革職。
3. 勤務技巧須加強訓練觀察與描述的能力，如環境的觀察，可疑人物的觀察與描述等。
4. 消防訓練，在旅館消防組織中係擔任重要角色，哪些是高危險場所，對消防組織中任何一員都要瞭然於胸，最偏遠的地方需要多少

時間才能到達等，均需要專業的訓練。

5.注意服務態度，謙和溫良，但立場堅定。

6.旅館內難免有色情問題，也是安全人員的陷阱，絕對不允許涉及，更不得有疏失職守。

第三節　勞工安全衛生管理

　　本節闡述勞工安全衛生管理，係依政府相關法令規定的勞工安全衛生組織，防止職業災害發生等，旅館業遵守法律規定應配合實施，俾符合要求，維護勞工安全，增進勞工福利。與前面各節所指之員工安全有所區別，前面各節所論員工安全是專指旅館從業員工，在專業活動中須認識及應遵守的事項，著重在遵守秩序與認識環境。

　　我國憲法第一百五十三條第一項規定：「國家為改良勞工及農民之生活，增進其生產技能，應制定保護勞工及農民之法律，實施保護勞工及農民之政策。」我政府乃於民國六十三年間頒訂《勞工安全衛生法》及《勞工安全衛生法施行細則》。初期規定之適用範圍尚僅礦業及土石採取業、製造業、營造業、水電煤氣業、交通運輸業，蓋因此類行業容易肇致職業災害之故，嗣後才陸續公布將旅遊業也納入管理。

一、管理組織

　　按《勞工安全衛生法》之規定，平時僱用勞工一百人以上之事業單位，應設勞工安全衛生管理單位及委員會，且規定為一級單位，須設置業務主管、勞工安全管理師與安全管理員，凡業務主管、管理師、管理員均須具有專業知識並有執照者始得擔任。但為執行檢查業務，貫徹法令要求方便計，此一管理單位以設於安全單位或人事單位較佳。

旅館安全管理

184

設置勞工安全委員會規定由事業單位一級主管擔任委員，主任委員由總經理擔任，副總經理擔任副主任委員，按規定每兩個月召開會議一次，檢討兩個月來的執行情形，統計分析公傷次數，公、私財物損失情形，提出具體建議事項，並鼓勵勞工代表委員提供意見，充分發揮會議功能。

二、防止職業災害

任何災害的發生皆有其原因，根據美國一家保險公司的研究結果，認為所有災害原因中，由於環境的不安全因素占10%，動作不安全者為88%，換句話說，有88%的災害是可以防止的，只有2%的災害是不可抗力的，一九四一年美國工業安全專家翰力奇（Heinrich）研究分析災害的原因，得到了一個法則，人們稱其為翰力奇法則，或稱為1：29：300法則。

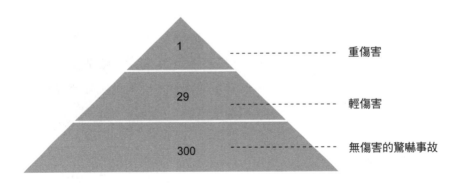

如圖所示，此法則的意思是說：一件重傷害發生以前，已經有二十九件的輕傷害發生，在二十九件輕傷害發生以前，就有過三百件無傷害的驚嚇事故發生。人們常常不去注意沒有傷害的驚嚇事故，因為並沒有造成損失，只是驚駭一次而已；或者只是輕微的傷害而已，無傷大雅，何必小題大作。殊不知，可能就有一次重大傷害等待著你，或許就是你、我

之間的某個人，就會遭遇到這一次的重大傷害事故，可能致命，也可能是身軀殘障。造成這一次重大傷害的原因，也許是10%的不安全環境因素，更可能是88%的不安全動作因素所造成，苟若我們每個人都能夠隨時隨地注意我們的工作環境，不讓它有不安全的因素存在，都能避免有不安全的動作；或者是，在我們有一次遭受驚嚇而沒有受傷的經驗後，立刻就能警覺到，或許就有一次重傷害事故在等待著我們，就應該更加謹慎小心，那麼，一個安全的工作環境就是我們每個人所欣見的，這也就是政府為保護勞工安全頒行法令的目的。

三、不安全衛生的環境

哪些是不安全衛生的環境狀況？一般是指設備、環境，是與作業人員本身不安全動作無關者，可能歸納如下述的一些事項：

1.不適當的照明設備、炫目的光源，或光源不足。
2.通風設備不足，太悶、太熱、太濕。
3.不安全的作業程序與方法。
4.不安全的機械設計或構造。
5.工具不良，有缺陷、粗糙、尖銳、表面光滑、腐蝕、破裂。
6.防護具、服裝的缺失。
7.物料的堆置、儲存不良。
8.出入口、通道狹窄或堵塞。
9.地面凹凸不平或太濕滑。

四、不安全衛生的動作

哪些是不安全衛生的動作？是指作業人員本身不當的行為或動作，一般可歸納成下列的原因：

1.不正確的觀念與態度。

2.缺乏智識、技術、經驗。

3.生理上的不適合。

4.準備不充分,同伴聯絡不良。

5.作業姿勢不當,工作的位置不當。

6.安全裝備調整錯誤,或因拆卸安全裝備錯誤,任其失效。

7.以手代替工具,或以投遞代替手遞的不安全動作。

8.機械、材料或工具、廢料,不放在妥當的地方,或任意放置在不安全的地方。

9.負荷重物的姿勢不良,或不當放置。

10.危險的化學製劑,有不良的混合或使用。

11.不使用,或錯誤的使用防護具,或穿著不安全的服裝。

12.超速駕駛或酒後駕駛,或行駛路線不正確。

13.開玩笑、惡作劇。

14.飲酒或服藥。

五、各類安全守則

如何才能消除或避免不安全的因素,從以往已經發生過的傷害事件,經統計分析,歸納出一些必須遵守的原則,雖然都不是金科玉律,都是些老生常談,但確是經驗之談,卑之無足高論,卻是需要注意遵守的:

(一)環境管理守則

污穢、混亂的環境通常是發生意外的原因,整潔的工作環境不僅可以提高工作績效,且能減少傷害。

1.與工作無關的物品、器具、材料,或退還倉庫,或安放整齊,保持

工作場地整齊清潔。

2.工作場地、階梯、安全通道須通暢無阻，電線不得橫跨走道，通道上不得堆放物料，以免絆倒他人，如必須暫時放置，也要安放整齊。

3.更衣室應保持整潔，火柴盒、菸盒不要亂放，不可亂丟菸蒂、紙屑、廢棄物，衣櫥內不放置食物、飲料、火柴盒。

4.通道、台階、地面須保持平坦、完整，如有破損，應隨時報請修復。

5.地板、牆壁、桌椅如有突出的鐵釘、針頭，必須立即拔除，以免受到刺、割之傷害。

6.工作完畢後，所有物料、工具，尤其是危險性高的工具，如刀、鋸、瓦斯等，一律不准留存在工作場所，應收藏妥當。

7.消防栓前不准放置雜物，妨害使用，手提滅火器上不得掛放衣物或堆置物品。

8.安全門須保持關閉狀態。

9.除指定場所外，任何場所不准吸菸。

(二)一般用電安全守則

1.除工程部專業技術人員，於接受指示後可安裝電氣設備或接通電源線之外，任何人不准私自安裝電氣設備或接通電源線。

2.電線、開關、插頭等均有一定的安全容量，千萬不可超過負載使用。

3.電線、電氣開關及插座不准懸掛衣物或放置易燃物品。

4.燈泡、日光燈管千萬不可讓易燃物靠近，像使用書籍、紙張或用衣帽遮蔽光線。

5.公共區域或辦公室不准使用電爐、電水壺與電熱器具。

6.開關、插頭如用手接觸會感覺有熱度，顯然有接觸不良情形，應趕

快報修。

7.電氣開關如使用時冒出火花，當係接觸不良，須立即報修。

8.電線外皮破損或電體露出易生危險，務必換新或報修，不能再使用。

9.操作電器用具務必保持良好絕緣，如發現有漏電情況，應即拔下插頭，切斷電源，立即停止使用或報修。

10.電線斷落，千萬不可碰觸。

11.發現電氣設備異常，首先切斷電源，並即通知工程部。

(三)液化氣（瓦斯）使用安全守則

1.液氣瓶必須直立放置，並使其不致被撞及而傾倒。

2.液氣瓶須隔離火源，並遮避日光直射，置於排氣良好的位置，保持35℃以下的溫度。

3.液氣瓶若須放在木箱內時，箱底須有換氣孔，以維持通風，瓦斯瓶腰部以鎖鍊固定，防震動或意外撞碰。

4.液氣瓶及調整器周圍不得放置易燃物，如汽油、酒精、抹布、紙張等。

5.裝卸容器調整器時，須確定附近無火源，或引火物以及易燃物。

6.在室內使用液化瓦斯器具須注意通風，不得在密閉室內使用液化氣燃燒器具。

7.液化氣燃具的周圍須有一定的空間，燃具周圍三十公分以上、上方一公尺以上，均須留出空間，以防引發火災。

8.使用液化氣的烘熱用火爐，應放在非可燃性的台面上，其周圍空間須在五十公分以上，距離屋頂在一點五公尺以上，須非可燃性物質。

9.液化瓦斯輸氣管必須是金屬軟管，不能使用塑膠軟管代替，裝置在室內時，其距離電源線須在三十公分以上。

10.輸氣管銜接的螺旋紋至少要五牙以上，並須結合緊密，使不漏氣。

11.使用液化瓦斯前：

   (1)注意聞聞是否有瓦斯臭味，以確定是否有瓦斯漏出。

   (2)火爐附近是否有可燃性物質。

   (3)打開或關閉容器閥（容器開關）時，須緩慢旋轉。

   (4)在打開瓦斯瓶開關或瓦斯總閥之前，先察看出氣開關（或爐灶開關）是否已先打開。出氣閥應緊閉。

12.點火時注意事項：

   (1)先慢慢旋開爐灶出氣開關，使用點火器點火。

   (2)如使用火柴點火，應先將火柴持近爐灶出氣嘴，再慢慢旋轉開關。

13.點火後注意事項：

   (1)燃燒中的火焰要調整到完全燃燒的狀態，是呈藍色的火焰，沒有完全燃燒的火焰呈紅色。

   (2)火焰是否完全燃燒是依賴空氣孔或用具旋塞之調整，應調整至完全燃燒的狀態，如沒有完全燃燒，有毒氣體一氧化碳擴散，後果嚴重。

   (3)注意不使火焰被風吹熄，推車上的爐灶也會因震動而熄滅。

14.使用後的注意事項：

   (1)要先關總閥或瓶頸旋轉式開關，讓瓦斯斷絕後再關爐灶的開關。

   (2)若是停用時間長，總開關的把手要上鎖，瓶頸開關須旋緊。

   (3)瓶裝瓦斯用罄，瓶頸開關也須旋緊。

15.液化瓦斯漏氣之處理：

   (1)關緊總閥或瓶頸開關。

   (2)熄滅附近一切火焰、切斷電源。

(3)將門窗打開,使室內空氣流通良好。

(4)如係瓶裝容器,迅速移至室外空曠地方。

(四)上下班安全守則

往返居所與工作地之途中,雖然不是在旅館的職場中,但因交通安全事故而受傷害,影響工作的事例,往往較在職場中受傷害的還要多。注意交通安全非常重要。

1.提早出門,把趕到旅館打上班卡的時間多留出一些。

2.駕駛汽車、機車須考領駕駛執照。

3.騎機車戴安全帽。

4.遵守交通規則,不開快車,酒後不開車。

5.絕對不超載。

6.因交通事故受傷害,若是在上下班途中,因申請公假需要,須取得事故現場附近警察機關(警察派出所)證明。

(五)辦公室安全守則

1.櫥櫃的抽屜,使用時一次打開一個,不要同時打開二個以上的抽屜,因可能使櫥櫃失去平衡而翻倒。

2.抽屜用完後,應即關好,尤其是暫時離開而未關好抽屜,很可能使別人受到傷害。

3.用手抓把柄打開抽屜,而不要用手指抓抽屜的上端或側面攀開抽屜,以免夾到手指。

4.不要一邊走一邊閱讀。

5.不要把太多的現金或貴重的物品帶到辦公室。

6.電話線不要太長,不可拖過走道。

7.延長線最好要能固定,否則常常會將人絆倒。

8.不准使用電壺燒開水,也不要煮咖啡。

9.換修電氣設備須先拔下電源。

10.辦公室不接待訪客。

11.最後一個離開辦公室者,須關燈、關門窗。

12.在辦公室內或附近發現可疑之人、事、物,須即向主管報告,如時間緊迫,可直接聯絡安全人員。

13.除假日外,每天派出一人擔任值日,最後離開辦公室,須查填檢點表內各項重點,於離開辦公室後,將檢點表送至警衛室,以備抽查,見**表8-4**。

(六)廚房安全守則

■個人方面

1.廚房工作人員穿著制服、戴帽子、穿平底鞋、著圍裙、衣袖要紮好,胸前口袋中不得放火柴、打火機、香菸等物。

2.廚房內絕對不准吸菸。

3.每天打烊後,值班者應最後離開,離開前要確實檢查爐灶是否尚有餘火,瓦斯開關的把手是否放在關閉的垂直位置,逐一檢查電氣用具插頭是否拔下,最後關燈後離去。

4.值班人員在逐項檢點後,填寫檢點表(**表8-5**)並簽名,親自送到安全衛生管理單位。

5.衣服、桌布、鞋、襪、手套等物品不得放置在配電盤內。

6.當油、水、食物潑到地面時,要立即清除。

7.碗、盤、玻璃器皿打碎時,不得用手去撿拾,要用掃帚去清理。

8.擦拭鍋爐要先確定已經不會燙手之後才用手去拿。

9.衣物、桌布等易燃物,不得在火爐上烘烤。

旅館安全管理

192

表8-4　辦公室下班後檢點表／餐廳結束打烊檢點表

單位：　　　　　　　　　　　　　值班人員：
日期：　　　年　　月　　日　　　夜間經理：
作業時間：　　　　至　　　　　　安全室：
檢查時間：　　　　　　　　　　　複抽查者：

檢查項目	重點	自檢	複檢	其他有關危害安全事宜記載
辦公室門	鎖			
辦公室冷氣	關閉			
辦公室電腦	電插頭拔下			
辦公室電燈	關閉			
營業廳門	鎖			
廚房瓦斯	關閉			
廚房冷氣	關閉			
廚房電燈	關閉			
廚房門	關閉			
營業廳電燈	關閉			
營業廳冷氣	關閉			
營業廳瓦斯	關閉			
冰箱	鎖			
果汁機	電插頭拔下			
咖啡爐	電插頭拔下			
烤麵包機	電插頭拔下			
熱水保溫箱	電插頭拔下			
電熱箱	電插頭拔下			
蒸酒器	電插頭拔下			
熱水爐	電插頭拔下			
保溫箱	電插頭拔下			
水槽水龍頭	關緊			
微波爐	電插頭拔下			
瓦斯推車	關緊			
電磁爐	電插頭拔下			
倉庫	電、鎖			
後舞台	電			
酒吧	電、鎖			
逃生區內	雜物			
廣告招牌燈	電			
瓦斯空瓶	送指定區			
盥洗室	電			
茶室	電			

表8-5　前場、廚房作業結束打烊檢點表

單位：　　　　　　　　　　　　　值班人員：

日期：　　年　　月　　日　　　　夜間經理：

作業時間：　　　　至　　　　　　安全室：

檢查時間：　　　　　　　　　　　複抽查者：

檢查項目	重點	檢查結果		備　　註
瓦斯總開關	關閉上鎖			
蒸爐	蒸氣開關			
西式瓦斯爐	瓦斯			
四口爐灶	瓦斯			
油炸鍋	瓦斯			
中式瓦斯爐	瓦斯			
烤箱	瓦斯			
平板式瓦斯爐	瓦斯			
火燒車	瓦斯			（　　）部
電子油炸鍋	瓦斯			
鐵板煎爐	瓦斯			
明火烤爐	瓦斯			
火頭	瓦斯			
湯鍋	瓦斯			
點心車	瓦斯			（　　）部
攪拌機	電			
絞肉機	電			
鋸肉機	電			
保溫箱	電			
熱水爐	電			
蒸飯鍋	電			
烘乾機	電			
冰箱	電			
電熱箱	電			
冷藏櫃	電			
咖啡爐	電			
微波爐	電			
麵包保溫櫃	電			
冷風機	電			
抽風機	電			
切片機	電			
果汁保冷循環機	電			

（續）表8-5　前場、廚房作業結束打烊檢點表

檢查項目	重點	檢查結果		備　註
水果冷藏箱	電			
消防衣	配備			
冷凍庫冷藏	溫度			
洗濯槽	水龍頭			
水槽	水龍頭			
冷凍庫	上鎖			
冰箱	上鎖			
冷藏櫃	上鎖			
熱水保溫箱	電			
烤麵包機	電			
保溫槽	蒸氣開關			
廂房瓦斯	關閉			（　　）口
廂房冷氣	電			
廂房電燈	電			
廂房門	關、鎖			（　　）扇
營業廳電燈	電			
營業廳冷氣	電			
營業廳瓦斯	關閉			（　　）口
小冰箱	電、鎖			
果汁機	電			
滅火器	位置			（　　）支
消防箱	配備			（　　）處
電扶梯	電			
倉庫	電、鎖			
海報間	電			
檯布間	電			
衣帽間	電			
屏風間				
後舞台				
酒吧	電、鎖			
大廳海報				
走道、安全燈	電			
夜燈	電			
辦公室	電、鎖			
營業廳門	鎖			
隔火鐵門	雜物			

（續）表8-5　前場、廚房作業結束打烊檢點表

檢查項目	重點	檢查結果		備　註
逃生區內	雜物			
廣告招牌燈	電			
瓦斯空瓶	送指定區			未送（　　）罐
櫃台	電、鎖			
蒸氣室	蒸氣開關			（　　）只
熱氣室	熱氣開關			（　　）只
冷水循環泵	電			（　　）只
熱水循環泵	電			（　　）只
溫水池	蒸氣開關			（　　）只
冷水池	開關			（　　）只
化妝室	電			
茶車	瓦斯			

注意：1.每日作業時務必確定各項設備之瓦斯開關位於關閉位置後，再將瓦斯總開關開啟，以免發生危險。

2.不再用電的設備除切斷電源外，亦須將插頭拉開。

3.檢查時，若有發現瓦斯漏氣或設備不良時，應即時報告工程部修理。

■ 用刀方面

1.廚房使用的刀子，不用時要放在刀架上，或收到抽屜內。

2.刀子放在抽屜內要把刀柄向外。

3.使用適當的刀子配合工作。

4.刀子應保持乾淨及銳利。

5.將刀遞給他人時，須以刀柄向著對方。

6.持刀行走時，刀鋒面向地面。

7.將刀拿起時，要拿刀柄，不可拿刀面。

8.刀子不小心掉落時，千萬不要去捕接，迅速退開，讓刀掉向地面。

9.不得用刀去開罐頭或當螺絲起子用。

10.絕對不可以拿刀開玩笑。

■ 推車方面

1. 手推車如滑輪有損壞，或者台面傾斜、把手脫落等任何瑕疵，須立即停止使用，報請修理。

2. 推車前進，經過轉角處時，不要在後面推，改在旁邊拉，可以看到另一方面的來人或是來車，以免撞倒。

3. 推車進出電梯，若是負載物太重，要找人幫忙，不要勉強推或拉，尤其是當電梯平台與地面不在同一平面時。

(七)餐廳服務安全守則

1. 玻璃器皿、盤、碟、碗等，使用前和使用後都得認真檢點，發現破損立即丟棄，不得再用。

2. 玻璃器皿破碎，如有顧慮碎片會散落在其他器皿內，尤其是玻璃器皿，不容易發現，可能造成傷害，應該仔細檢查，必要時須將有顧慮的其他器皿全部洗滌後才能使用。

3. 取用冰塊一定要用冰鏟，不得直接用手或其他杯或碗取冰塊，是為了不污染冰塊，以及避免使手受傷。

4. 從客人背後上菜時，應先告知。

5. 傾倒熱湯或熱水，應先將杯子拿離桌面，惟須注意用毛巾或手套護手。

6. 托盤不得超越客人的頭頂，也不得從客人身前越過。

7. 托盤上不得擺放太多的東西。

8. 不得討論或展示客人在帳單上的簽名或房號。

9. 地毯的邊沿不平整或縫線脫落、未固定的電線，都容易使人絆倒，須立即處理，如不是本身可以處理的，須立即報修。

10. 不穩固的桌椅、破損的器皿須立即丟棄，不可再使用。

11. 逃生通道不得堆置雜物。

12. 消防栓前不得堆置物品。

13.手提滅火器放在固定位置，不得任意移動。

14.場地出租，租用人裝潢用電，要注意其使用的安全，並須先獲得工程部門的許可，以便監督。

(八)器皿組安全守則

1.穿膠質平底鞋，不得配戴鬆弛的飾物。

2.工作時戴手套保護雙手。

3.搬運盤碟時一定要用推車。

4.清理盤碟時，留意是否有破損的，隨時挑出來放在一邊，不許再用。

5.太重的物件或大的垃圾桶要搬運時，要找人幫忙，不要勉強使力。

6.就算是小的傷口，也須馬上醫治處理。

7.如果懷疑財物、器皿有可能遭偷竊時，須立即報告上級。

(九)房務安全守則

■關於個人的守則

1.穿著平底鞋、穿制服，佩戴識別證。

2.不得配戴鬆弛的飾物，如項鍊或長的耳墜。

3.在浴室工作時，時常有滑倒受傷情形，要特別小心。

4.在客房樓層工作時，要保持肅靜，不得與同事嬉笑，尤其是在客人面前，須對客人保持尊重。

5.尊重客人比任何服務都能讓客人感覺愉快。

6.在客房工作單獨作業的時間多，攀高蹲低時要特別小心，以免受傷後無人知道，延誤就醫。

7.窗戶卡住推不開時，千萬不可勉強用力，可能因過分使力而重心不穩，或可能夾傷手指。

■ 關於清理客房物件的守則

1. 收集客房菸蒂,不得直接傾倒垃圾桶內,須先倒在專為收集菸蒂的金屬盒內。
2. 刮鬍刀最好先用紙張包起來再丟掉,不要任意丟到垃圾桶內。
3. 清理客房時,無論客人是否在房內,均須將房門打開,並將推車放在房門口。

■ 關於推車的守則

1. 布巾車不可裝載太重,寧可少裝一些,多走一趟,以免受傷。
2. 推車時用手抓住車柄,而不是推車的兩旁,且速度要慢。
3. 髒的布巾更換時,應立即放入工作車內,避免放在地上,以免他人絆倒,也顯得零亂。

■ 關於客房與鑰匙的守則

1. 不得代任何人打開客房門,如是房客未攜帶客房鑰匙,請房客自己到櫃台索取鑰匙。
2. 如在客房工作時室內無人,而另有人進入時,除非你認識確是房客本人,否則應拒絕其進入,或先請他出示房卡。如他拒絕出示房卡,仍要強行進入時,應立即報告主管或向安全人員請求支援。
3. 由你保管的鑰匙千萬不可交給他人,也不可隨便放置,請妥慎保管。
4. 如有正當理由,你必須為其他單位的工作人員打開房門,讓他進入客房工作時,你必須陪同進入房間,因該房間有客人使用,維護客人身體、財物的安全是你的責任。
5. 客房鑰匙插在房門上,應通知客人收起來,如果客人不在房內,應將插在門上的鑰匙收起來,向主管報告並與櫃台聯絡。

6.客房門在正常情況下都是關閉的，不論是空房或是有人使用，客房門開著應該不是正常情形，或者是客房人多所以打開房門，發現客房門打開或者虛掩著，應該不是正常的，應輕敲房門，查看情況，如客人在房內睡覺或沐浴而忘記關門，應代為關上，如客人不在房內，則應先代為關上，並立即向主管報告，並行記錄。

(十)洗衣組安全守則

1.不可將手放入運轉中的機器內。

2.使用口罩是防塵用的，不得省卻。

3.不得站在濕的地面上操作電器。

4.脫水機的蓋子要蓋妥後才啟動。

5.使用漂白劑或其他酸液時，要特別小心，須先了解使用方法，以避免腐蝕衣物及傷害眼睛。

6.裝置腐蝕性的容器，不可放在高過人體的架子上。

7.萬一濺到腐蝕性的液體時，馬上用大量冷水沖洗。

8.儲放剛漿燙過的布巾類，要特別注意通風，因其溫度甚高。

9.洗衣房地板上如有水漬，要隨時擦乾。

10.穿著膠底鞋或靴。

(十一)清潔組安全守則

1.清潔劑非酸即鹼，對皮膚都有傷害，尤其是眼睛，須特別注意防範。

2.盡可能避免使用強酸、強鹼，要用中性的清潔液代替。

3.不得使用鹼或酸性清潔液潑灑，以免濺到眼睛，萬一被濺到，先用冷水沖洗後，立即就醫。

4.清潔工作無法避免濕、滑，工作時要穿著膠靴。

5.攀高或蹲低要特別注意安全，避免使用單腳樓梯，要用「Ａ」字型

樓梯，若超過人體高度，需要二人作業，即一人攀高，另一人扶住樓梯。

6.工作時戴口罩、戴手套，勿讓清潔液侵害鼻黏膜及傷害皮膚。

7.使用吸塵器或清洗打蠟機具時，注意用電安全，破損的電源線千萬不要再用。

8.地面清洗打蠟或高空作業前，先做好安全圍籬及警告標誌，以免因步入工作範圍滑倒或讓高空墜落物傷害。

9.廁所內瓷磚地上的水漬須隨時清理，保持乾淨，不使濕滑。曾經有多次使人滑倒而致重傷害的事件。

10.外包商清洗外牆，須特別注意安全：

　(1)承攬契約須嚴加審查，選擇信譽良好、業績佳、設備好的廠商。

　(2)要求作業人數最少得三人一組，即吊車上一人、地面一人、頂樓一人。

　(3)要求工作人員的安全設備。

　(4)要求地面先做好安全圍籬。

　(5)依法須負承攬責任，不許發生任何意外。

(十二)行李服務安全守則

1.幫助客人擺妥行李，以防止絆倒的危險。

2.利用手推車可省時、省力，但不可在車上堆置太多行李，行李堆太多，可能掉落，太重會傷害身體。

3.操作推車在轉角處要慢行，以免撞到人。

4.運送行李至客房途中，有可能遇見一些不平常的人或事，應立即與安全人員聯絡或向主管報告。

5.在客房樓層如發現客房門半開或虛掩著，或是鑰匙、卡片插在門上，應立即處理，輕敲客房門，如果客人在房內，請他關妥房門或

取下鑰匙,如果無人在房,應會同房務部服務員檢視房內情況,然後鎖上門,記下時間或房號,將鑰匙交房務部服務員,並向主管或值勤經理報備。

6.發現行李過重、超長,顯然不合情理,應即與安全室聯絡會同處理。

7.發現可疑物品時,應即向主管報告或報告值勤經理與安全室聯絡會同處理。

8.發現大廳大理石地面有水漬時,先用圍籬隔絕,以防有人滑倒,並即通知清潔人員處理。

9.絕對不可洩漏客人的姓名及房號,在與櫃台聯絡客人房號及行李上掛牌時,慎防有人偷窺。

10.運送行李至客房時,注意周邊是否有旅客的隨行人員或旅行社人員,因常有歹徒冒充旅館服務人員,盜竊旅客財物。

11.運送行李至客房,旅客詢問客房設備,應善盡服務的職責,詳細解說,但不可逗留太久,以不超過三分鐘為原則,並應拒絕色情服務。

12.任何包裹都要經過你的手轉交給客人,不得讓他直接送到客房。

13.不得貪圖不正當利益,損害旅館名譽。

(十三)門衛安全守則

1.要確保正門、側門前的交通秩序,維護交通安全,保持通道的暢通。

2.除了引導客人安全地上下車外,自身的安全也要小心。

3.遊覽車、計程車、特約車司機要遵守旅館要求的安全原則和行車秩序,無故不遵守時,應向主管報告。

4.了解發生火災或當救護車來時的應變程序。

5.遇外包商清洗外牆時,應管制停車位,以防止墜落物傷害人、車。

6.凡服裝不整齊、精神狀態顯著異常者，應拒絕其進入，如不聽勸
止，立即與安全人員聯絡。

7.旅客在旅館門前搭乘之計程車，應記下車號。

(十四)物料倉儲安全守則

物料的儲存不論是臨時性或長久性的，隨處堆放，最容易使工作
人員遭受意外的傷害，而且也最容易讓物料遭受損害，違背了秩序的原
則。有計畫的儲存物料可以避免重複搬動，也是節省人力、物力的最佳選
擇。

1.有計畫的儲存物料，首須注意有關安全使用的物品，應放在明顯易
見的地方，如有關緊急時需用的設備：警報器、照明燈具、滅火器
材、電力開關等。

2.任何人不得在倉庫內吸菸或使用明火，應在倉庫外牆明顯處張貼
「嚴禁吸菸」的標誌。

3.易燃物品，如酒精、火柴、蠟燭、液化石油氣、油漆、溶劑油等，
應與一般物料分別儲存，專設危險物品庫房。

4.倉庫內地面應保持潔淨，不得有水漬、油脂或其他滑膩物質，以免
工作人員作業時失足跌倒。

5.走廊、門、通道等處勿放置突出的物料，以免工作人員絆倒。

6.酒水料應專櫃儲存，不與一般物料併存。

7.廢紙、廢料應隨時處理，棄置於加蓋的金屬桶內，不得亂扔亂放。

8.倉庫保持通風及適當的照明設備，通氣窗的五十公分內不得堆置物
品，妨害通風。

9.倉庫內如有支柱或其他固定不可移動的設備，為免使工作人員撞
及，應以黃黑色線條油漆，以提醒作業人員注意。

10.宴會廳及各餐廳的圓桌面因不使用而靠壁儲放時，因係圓形，其
底部著力點小，容易滑動，須以L形木楔或三角型木楔固定。

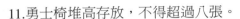

11.勇士椅堆高存放，不得超過八張。

12.堆積袋裝物品時，應將袋口朝內，以免破裂時，袋裝物料流向前面，危及作業人員。

13.袋裝物料堆積如超過五尺以上，應呈塔形堆置，即每堆高一層即減少一圈。

14.從堆積物品中取物，要從最上一層拿起，不得從底層或中層抽取，以免基礎不穩，上層物品墜落，傷人且損物。

15.物料的堆積量不得超過台架的負荷，以免發生塌陷的危險。

16.麵粉或其他粉狀物，儲存時要防止飛揚。

17.玻璃及陶瓷器皿，儲存時應有防震隔板。

18.堆置物料應力求該物體重心平穩，重心愈低愈安全。

19.倉庫內放置物品，要將重的放下面，輕的放上面，在台架上放置物品，要朝裡面放，離邊沿至少要半尺。

20.爬高拿物品時，不能踏在台架邊沿，一定要用凳子或梯子。

21.倉庫的管理人員要養成一種習慣，就是所有的儲物架上，都沒有臨時放存的物品，就是出現在物架上的任何物品，都要能記憶是何物品，何時放存的，也就是說，存放在台架上的東西，一定是自己放的。

(十五)工作梯使用安全守則

1.梯子不能架設在可以搖動的地磚上或是不堅實的地面，而應有平坦及穩固的立足點。

2.架設梯子應使其穩固，上下共四個支點，力求穩妥；上端宜使其固定，萬一不能固定時，下端的兩腳就要紮牢，如不能紮牢時，就得有人在一旁協助，防止滑動。

3.上下梯子，兩手兩腳不能同時放在同一橫檔上，維持身體重心在中間。

4.切忌於上下梯子時，手中拿有任何物件。

5.不得使用有橫檔短缺的梯子，任何有缺陷的梯子都不可使用。

6.梯子須經常保持完整無損，單位主管要經常查看。

7.梯子的兩腳（下面的兩支點）宜裝置不會滑動的墊子，以減少滑動的危險。

8.架設梯子的斜度，自上端支點垂直地面，至梯腳的水平距離，為梯長的四分之一，如梯長四公尺，則斜靠之地面水平距離應在一公尺以內。

9.絕不容許二人同在一梯上。

10.梯子絕對不許架設在門口，以防門內（外）有人出入推翻梯子，除非將門鎖上，或有專人看守。

11.梯子不使用時要立即收妥，無人看管時不得豎立，避免倒下傷人，或使人絆倒。

(十六)單人搬運安全守則

1.過重的物體不要單獨勉強搬運，安全的最大重量是男人二十公斤，女人十公斤為限，若超過此重量，則應兩人合力搬運，以免傷害身體。

2.推舉重物應彎膝運用腿肌，不要運用腹肌或背肌，否則容易引起背部痠痛或脫腸。

3.推舉重物應先吸一口氣，一直維持到東西放下才呼出，深吸一口氣可以拉緊肌肉避免拉傷。

4.切忌扭轉腰背，反方向去拿重物，搬運物品不要扭轉身體方向，以免拉傷。

5.搬運物體注意四周，背後是最容易發生事故的方向，搬運物體不可向後退。

6.搬運長形物體，應保持前面高，後面低，尤其在轉角處或前面有障

礙物時，應特別注意。

7.推滾圓形物體，應站在物體後面，並注意前面有人，雙手不要放在圓形物體的邊緣，因碰撞時最易傷手。

8.超過人身體長度的物料，雖然不重，也不要一個人搬動，防止傷人。

(十七)提舉重物安全守則

提舉過重的東西，如提舉方式不當最容易造成傷害，正確方式如下：

1.先測試一下該物體之重量，讓背部先有準備。

2.一足擺在物體旁，另一足在後，以保持身體的平衡。

3.背部挺直，膝蓋彎曲。

4.將重量放在雙腳，雙手抓緊物體，用雙腿的力量將物體提起來。

5.收緊下巴，以防頸部扭傷。

6.物體靠近身體，使重量集中。

(十八)數人搬運安全守則

1.兩人搬運長形物體時，在後端的人應較高較資深，因須指示前端者注意安全。

2.數人合作搬運物體時，盡可能站在同一邊，並使步驟一致，以免衝突。

3.搬運物體應先研究適當的方法，盡可能利用機械，槓桿、滾軸是最簡便的用具，恰當的方法既可以節省人力，又可以降低危險。

4.搬運壓縮氣瓶，最好用推車，避免一人搬運，不得用滾動的方式。

5.切忌拋接物體，摔出的東西是無法控制的。

6.兩人搬運長形物體，物體要在同一側面。

(十九)手推車安全守則

1. 盡量把重的東西放在推車的下面,重心愈低愈穩。

2. 推二輪車時,盡可能把物體放在車的前端,重力由車軸負擔,推車人員保持車子平衡推動車子前進。

3. 堆放在推車上的物體高度以不妨礙視線為度,要把物品安放妥當,以免滑落。

4. 堆放椅子在推車上,一次以八張為限。

5. 不要拉著推車後退。

6. 推車往下坡時,車子在上面,人在下面。

7. 注意隨時控制推車的速度,不要推著車跑,也不要太快。

8. 特種用途的推車,除指定之用途外,不做別的用途。

9. 車輛須保持完整,發現推車的把手損壞、輪軸有毛病,應立即停止使用。

(二十)台架使用安全守則

1. 施工台架之搭建及拆除,應由專業技工擔任。

2. 施工台架之安全極其重要,竣工後之檢查不得輕忽。

3. 有腳輪之移動台架,必須設有完全閉鎖裝置,以防使用中意外移動。

4. 施工架之工作台高度應不超過其基腳寬度之四倍為宜。

5. 台架用料注意其強度足以負荷所承受重量及衝力(利用鐵管或使用梢徑四公分以上之孟宗竹,惟已裂開腐爛或已使用一年者不可使用)。

6. 搭架所用木材之樹皮應剝光,且不可油漆以隱藏其缺點。

7. 搭架材料及機械在搭建前,應經專家檢驗其品質,須安全合格後始得使用。

8. 施工架之柱腳應垂直或稍傾向建築物搭建,並將柱腳埋入地下,或

固定於底座上，以防滑動。

9.橫木連接時，其一端應繫牢於一立柱上，相疊長度至少一公尺，綁紮兩處以上。

10.施工架外緣須加設高約一公尺護欄，扶手剖面大於三十平方公分，高二公尺以上時，工作台邊緣並設趾板高十五公分，以防工具墜落。

11.木製台板厚度應大於三公分，支持工作台之踏腳桁的間距不得大於二公尺。工作台之寬度依工作性質而異，其最低限度如下：

　(1)六十公分：台架僅用立足時。

　(2)八十公分：用以堆放物料時。

　(3)一百一十公分：用以支承任何較高之工作台時。

　(4)一百三十公分：在台上修整或雕刻石料時。

12.凡離地高度二公尺以上之工作台，應密鋪板料。

13.構成工作台一部分之任何物料，其突出外端之長度不得大於板厚四倍。

14.跳板或走道之坡度較大時，應裝設防滑木條。

15.工作台高三公尺半以上時，下面應設安全防護網，以保護下方通行人員。

16.輕型懸吊架，工作台長度不得大於八公尺，其吊繩數至少要三條，繩索間距不得大於三公尺，繩索安全係數要大於十，吊架應離牆面至少三十公分，以防工人膝部碰牆。

17.工作台上不可沾有水、油漬、油泥，及放置危險機具，應保持台面清潔。

18.移動中之施工台架上，禁止有人在台上。

19.工作人員不可從高架上擲下材料、工具或物件。

20.在馬路邊施工，應在施工架外加設防護牆及警告標示。

六、其他注意事項

　　本章節介紹的是職場安全的注意事項，人們應該知道職工的生命、身體及其聲譽是公司的財產，其個人的損傷即是公司的損失，公司應提高各職場的安全環境，注重員工安全教育，員工也要明白本身的價值，隨時注意安全，不得稍有疏忽。舉例說明因疏忽而致喪失生命的實例：一美工組年輕男性員工，於夜間趕工布置場地時，蹲在地上，或因夜間體力稍遜，竟將環扣在牆上的隔間木板踫倒，倒壓在自己身上，擊中頭部，不幸死亡，其家人悲痛萬分之餘，責備公司要求鉅額賠償，幾經折衝始得平息；另一木工操作鋸床時不慎鋸斷自己手指，是屬職業災害，經調查後雖屬個人疏失，公司連帶受罰賠償，是為雙重損失。

　　除員工生命、身體傷害外，員工聲譽也不應輕易受害，糾紛最多的是客房服務人員，旅館房客最常發生的是財物遺失，誣攀客房服務人員，雖不至於明白指控，但總懷疑房間內只有服務員進出，在此情況下，其主管或安全人員應該以負責的態度，查明服務人員操守；若非苟且，則應為其辯證，要知員工的聲譽足以影響公司的信譽。

　　實例上，曾有客房服務的送信小弟，常將客人放在書桌上的小文書工具，如裁紙刀、橡皮擦、紙盒之類的小文具順手牽羊取走，占為己有，旅客常有抱怨，也都懷疑是客房服務員所做。由於送信小弟常找客房服務員協助開房門進入置放物件，且規定客房服務員必須陪同。惟常因工作忙碌而任其單獨進入，經閉路電視發現房門大開，小弟入內停留時間有逾尋常，呼叫安全人員中途攔截，發現該小弟偷竊，隨即處理，藉此洗刷客房服務員的清白。

　　綜上述所舉的實例中，歸納出下列幾項思考：

　　1.維護員工在職場的尊嚴，有原則的為其辯護。

　　2.嚴格注意員工在職場上生命及身體的傷害，凡屬營業所需之設備於

不使用時均須固定牢靠。

3.清潔人員使用之化學藥劑，必須能不使其受傷害，如強酸強鹼類清潔劑應禁止使用。

4.電器類器皿或工具，非水電工程人員不許接觸。

5.地板溼滑時須留意工作人員必須穿著止滑鞋。

6.使用樓梯必須二人。

7.工作時嚴禁嬉鬧。

Chapter 9

外包商安全管理

　　旅館的修繕工程，如土木、水電、裝潢、油漆等幾乎長年不斷，而且設備又多，諸如電氣、消防等設備之維修保養，還有清潔工程的清洗外牆、吊燈等高空作業，都是招攬外包商工作，雙方簽訂契約，規定外包商必須遵守規則、注意旅館的公共秩序與安全。因為是旅館與承攬商直接發生契約關係，還容易約束，另有由客戶招攬的裝修工程，就不容易達到約束的目的，只有加緊監督，時時防範，如宴會廳租給客戶舉辦秀場、展示等等，需要裝修舞台、攤位等，是由客戶招攬的廠商施工，與旅館是間接關係；另外還有廣告的大小工程，甚至沒有專業水電技工，安全顧慮頗大，故對外包商的管理，實屬必要。有關討論項目如下：

　　1.外包商入店作業安全管理。
　　2.外包商入店作業之督導。

第一節　外包商入店作業之安全管理

　　外包商入店作業，造成重大的安全顧慮，又要不影響環境衛生，製造噪音不致妨害安寧等等，皆需要有效的管理，其應注意事項於下列舉之：

　　1.承攬契約中詳定安全條款：外包商之承攬契約中，適當地加列安全條款，要求遵守並嚴格執行。但有違反規則經查獲有據時，承諾於工程款中扣抵罰款。
　　2.外包商員工進出佩戴許可證：外包商所屬員工須事先造具名冊，詳列年籍、住所、身分證字號等送安全室領取出入許可證。
　　3.外包商員工須佩戴識別證明：外包商有一定的行走路線，其於行進中及在工作場所，均應在身體適當地方佩戴識別證明。
　　4.外包商員工在館內任何場所須注意整潔：外包商員工無論是在工作

場所或在行走間，皆不得赤膊、赤腳或衣衫不整。

5. 外包商須派駐監工人員：外包商在工程施工期間須親自或派遣富有經驗之代理人，常駐工地，督導施工並負責安全管理。

6. 承攬商應負法律責任：承攬商應自行約束所屬員工嚴守旅館規律，隨時隨地注意工地衛生安全，倘有越軌行為，或觸犯社會治安法令引起糾葛事件，一概由承攬商負完全責任。

7. 承攬商員工傷亡，全由其負責，與旅館無涉：承攬商所屬員工遇有傷亡，一切法律責任及賠償均由該承攬商負責，與旅館無涉。

8. 承攬商在工作中傷及他人，與旅館無涉：承攬商在工作中，因不慎傷及他人（如本旅館員工、旅客、路人等）應負之法律責任及民事賠償責任，均與旅館無涉，概由承攬商負責。

9. 意外事故對本店之賠償：外包商在工作中發生意外損害，如對本旅館資材之損失，經查明後應由該承攬商於十日內負責追還或賠償。

10. 暫時停止工作之要求：本店對承攬商之作業方法，認為足以破壞本店設備或危害本店從業人員以及旅客安全、安寧秩序時，得隨時令其停止工作，至危害因素完全消滅時為止。

11. 安全梯間禁止擺放物品：本店安全梯間劃定為「嚴禁置放物品區域」，外包商於該區域內或其他區域作業，當日無論是否工作完成，其所有之器材、物品、工具均不得存放其間。

12. 全面禁菸：本店全面禁止吸菸，除指定吸菸區之外，均不得吸菸。承攬商須嚴禁工作人員於施工中隨意吸菸。

13. 動火許可：工程中必須動火時，必須經過工程部總（副）工程師派員安全檢查認可後，簽妥「動火許可證」始可為之。作業當日無論是否完成，其可燃性液體、氣體，如汽油、油漆、溶劑油、乙炔、液化石油氣等物品，一律不准放置工作場所以及本店內任何地方，應全部移出本店之外；否則，若發生爆炸引起火災，致本店人員、旅客遭受生命、身體之危害，或本店財物因而遭受損

失，由承攬商負責法律與賠償之完全責任。

14. 台架或吊掛作業之規定：承攬商對於工程設施所必需之台架或吊掛作業應責由專業人員辦理，對於高架上的作業，應於其架基或工作場所周圍置警告標誌，警告不能靠近，並嚴格要求不得拋落工具、物品等。對可能有危險的氣體出現或從事運轉機器設備搶修作業者，事前除應做必要安全措施外，作業中應派員擔任警戒與接應。

15. 電源配線之要求：為配合工程設施所需之臨時配線作業，必須經本店工程部許可，承攬商不得擅自銜接。其所準備之電氣器材之絕緣性必須良好，所配附之電纜線亦應完整無缺，其線徑須符合所使用之容量。

16. 施工器材及工具須符合規定：承攬商為工程設施所準備之各類工具、器材、容器等等，必須符合安全要求。

17. 外包商員工提前上工或延遲下工，須先通知：外包商員工進出本店須依照本店之規定辦理，如因工程之需要須提前入店，或須延長工作時間者，須先經主管單位核准後通知安全室。

18. 外包商應隨時與主辦單位及防火管理員密切聯繫：施工前與施工中有關安全事項，承攬商必須隨時與本店負責該項工程之主辦單位及防火管理員保持密切聯繫，並接受該有關人員之指導。

第二節　外包商入店作業之督導

　　外包商在旅館內施工之督導分工，非常緊要，萬不能形成三個和尚沒水喝的現象；相關單位須有密切的合作，協力監督，但也不能盡皆強調本位主義，使工程品質與進度受影響。茲提出下列事項藉供研討：

1. 每件工程行政手續須完整：由發包單位統籌辦理，凡提出需求的任何單位，於提出需求後完成計畫，循行政系統獲得准許後，才由發包單位議定價格；在完成計畫的階段，必須有工程與安全單位參加，俾提供安全的需求，並盡可能讓外包商了解安全的需求。

2. 召開工程安全協調會議：由發包單位（通常都是採購部門）負責召開會議，通常是在工程包商決定以後，邀集原需求單位、工程單位、安全單位及外包商與會，說明該項工程的安全要求，再決定該項工程的督導及考核人員。安全室應由消防員參加會議，提出消防需求；工程部則應由工程師參加，除要求工程品質外，並說明用電的規則，及現場管理等，並說明違反安全規則的處理原則。

3. 現場安全管理：責由外包商派專員負責，工程部須派出監督工程人員；安全室除由防火管理人員巡視外，並融入一般勤務中，隨時查察現場，觀察外包商人員在其他場所有無遵守規則，及出入旅館有無違反規則情事。

4. 安全室人員以違規「告發單」舉發違規事項：安全室如發現外包商在工程期間有違規情事，認有必要時，應以書面（告發單）告知外包商，並隨時通知工程（監工單位）單位據以處罰。

5. 出租場地供客戶使用裝潢工程之管理：餐飲部門所屬各場所出租給消費者，由承租人自行僱工布置場地，或施行裝潢工程，則由餐飲部負責向承租人（消費顧客）要求，於簽定租約時說明有關安全規定，促其邀集包商與工程部與安全室接洽安全規則，並由餐飲部負責現場監督。安全室融入一般勤務中隨時查察，消防員常川梭巡察，如發現有嚴重違反規定事項，基於消防安全之理由，得隨時令其停止工作。

6. 廣告工程之管理：戶外廣告須先向有關機構辦理申請核准後始得進行，由廣告商自行辦理。有關施工安全事項，相關單位應先邀集工程部、安全室與廣告商會商進行，無論室內、室外廣告使用電源均

旅館安全管理

216

須由工程部事先核定，許可後始得進行，安全人員得隨時監督，防
火管理員列入追蹤管理事項。

Chapter 10

防爆管理

　　本章討論關於爆裂物的問題，旅館業遭爆裂物威脅的事例雖然不多，卻常有遭遇電話以放置爆裂物相恐嚇的機會，每當遭受騷擾時，既不能信以為真，卻又不能置之不理，從事安全管理的從業人員，職責所在，如不能具有相當認識，則遇事慌亂，莫知所措，甚至債事。

　　接獲恐嚇電話的人，最常見的是電話總機，也可能是大廳值勤或機要祕書，一聽說是炸彈，總是驚恐地放下電話，把訊息輾轉送到安全主管，同樣還是手足無措，因為沒有更多資料可資判斷，甚至可能感染到所有的工作人員，也都是驚慌無措，還有不同的意見令人困擾，一陣驚慌後，讓不安的情形漸漸散去，並沒有任何事情發生，感到僥倖地度過恐懼。

　　也曾見大廳遺置一只黑色手提箱，跟電影裡或是電視影片中的一樣，好半天沒人去動過，懷疑它是否就是劇情中的定時炸彈。有膽大的將其收拾起，也有膽小的認為不可移動，不安地等待著有人前來認領，都要在很久之後，才有客人親自前來或打電話來認領。

　　還曾在旅客的行李箱中聽到有滴滴答答的機械聲，也被認為是定時炸彈，或是在客房中遺留下可疑包裹。人們從影劇的故事中，學習到太多有關炸彈的故事，但都對炸彈毫無所知，也完全不了解，萬一遇到真的情況該如何處理，不但是從事旅館安全工作的人，就是一般的旅館從業人員，都應具有此方面的知識，此乃本章提出討論的原因，討論的範圍也僅是粗略的梗概、一般的原則。

第一節　認識炸彈

　　此處所謂的「炸彈」，是一般所稱的「詭雷」，不同於軍事用途的炸彈，是經過「偽裝」、不容易從外表就能認識的爆裂物。它是將炸藥、雷管、導爆索、導火線、電源包裹起來，可能是只手提箱、一個普通

裝東西的紙盒，也許僅是一個紙袋，不容易讓人一眼就能辨識的東西，很適合放置環境中，假定是放在公廁，很可能就是一個袋子，讓人覺得是遺失的東西，因是一種詭詐的手段，所以被稱是「詭雷」。

一、詭雷的一般構造

將火藥或是能產生熱能的物質裝在密閉的容器裡，點火使其膨脹，產生爆炸，也稱作土製炸彈。若是工業用炸藥或軍事用途的炸藥，則須用雷管及導爆索，爆炸威力強大，起爆裝置都需要電源及電源線。因為我們只需要知道構成炸彈的一般結構，而不宜有更高層次的認識。

二、詭雷的類別

依據啟動裝置的不同，大略可分為：

1.定時炸彈：可以延長引爆時間，用以達成恐嚇的效果。
2.郵包炸彈：郵寄包裹內藏匿炸彈，收件人拆開包裹時，因拉動啟動裝置而發生爆炸。
3.信件炸彈：將炸彈藏在信封裡，收信人開啟信封時觸動開關引爆炸彈。
4.包裹炸彈：炸彈藏在任何一種箱盒內，或是用「平衡裝置」，稍稍移動就觸動開關引爆炸彈。

炸彈的種類繁多，因為不是我們要討論的範圍，我們只需要概略地認識可能會有的一些也就夠了，該討論的是如何處理以及能及時發現。

第二節　恐嚇電話的處理

在第三章〈客務部安全管理〉中曾討論電話總機安全任務，關於恐嚇電話的應對，並就如何記錄電話詳加說明，且提供電話紀錄表格式，此節中再深入討論電話的處理。

第一，歹徒的第一次恐嚇電話可能只有二句話，便立即掛斷電話，用以達到恐嚇的目的，接著會有第二次電話，應有機會錄音，並設法延長通話時間，迅速報告安全部門主管或其職務代理人，必須把握時間，不得有任何原因延遲，並不得把訊息告知其他任何人，包括隸屬主管在內。必須明白接聽電話者的責任，只是要把電話紀錄做好，在與歹徒通話中，多獲得一些可資判斷的資訊，保持冷靜，不恐懼、不驚慌。

第二，唯一獲知遭受恐嚇訊息者，為負責旅館安全的主管，應是最能判斷狀況的人，什麼人應該獲得了解，哪些人才應該知道詳情，都該做成決定。此間，因炸彈事件太過敏感，不能詳予討論，且因係專業知識，亦不便於文字論述。

第三節　注意防範事項

1. 各部門辦公室門應隨時保持關閉，盡量不在辦公室內接待訪客，遇有訪客至辦公室須詢明身分，絕對不接受任何人寄存任何物品，或受託轉交任何物品。
2. 大廳櫃台及行李服務處接受旅客轉交之包裹或物件時，必須查明委託人身分、轉交給何人、受託旅客姓名、房號等，由委託人自行書寫明白，並經過查證。
3. 離開辦公室如非短時間返回時，抽屜及經管之櫥櫃應即關妥並加

鎖。

4.辦公室、倉庫隨時保持整齊清潔，一切公、私物件均須放置在一定位置，俾易發現可疑物。如果突然出現不是本單位或不屬於本處的可疑物件，萬勿移動，立即報告安全單位。

5.下班後，關門、關窗、關燈。

6.房務部應嚴格要求客房服務員，於整理房間後，隨即將推車推進服務台或儲藏室，用以保持客房樓層走廊淨空。推車在走廊停放時，須隨時注意有無異常物。

7.房客丟棄的盒、箱，或任何包裝物，不許放置在客房門口或走廊上，服務人員如有發現應立即收拾。

8.工程部工程人員之工具或工具箱不得任意放置，各樓層機房及管道間均應加鎖。

9.房務部、工程部及清潔工作人員，於各地區工作時，安全室、停車場管理人員於巡邏時，均應注意發現可疑物，立即通報安全室。

10.停車場管理人員對車體髒爛、車況不良之汽車，應婉辭謝絕其進入。

11.商店街管理單位與該店戶簽訂契約中，須將禁止丟棄物品於店外走道、維持環境整潔之條款列入，並認真執行勸導，並請為維護共同安全，隨時注意發現可疑物，若有發現隨時通知安全室。

12.宴會廳或其他營業場所，供廠商展示貨品或做其他活動時，該場所管理人員及工程部、安全室人員，對廠商攜入及展示場地之物件，須密切注意監視。

13.安全人員及車場管理員，對各出入口攜入之物品須嚴密監視，必要時予以檢查。

第四節　全面搜查之執行

　　遭受爆裂物恐嚇，認有進行搜查之必要時，自必須全面執行，首要是向警方報案，待警方專技人員到達。惟旅館範圍寬廣，警方人員對環境完全陌生，而且人員有限，執行搜查如何困難自可想見，是故全面進行搜查的工作，非本旅館從業員工自己進行不可，才能於最短時間內完成。如何有效進行搜查，必須訂定計畫，經常實施演習，用以提高員工警覺，訓練員工搜查技巧。

一、訂定防爆演習計畫

　　在旅館的任何場所，均不容許有不屬於本單位的物件散置在內。為提高員工警覺，訓練員工搜查的技巧，藉著不斷的、經常性的演習，讓所有員工均能領悟，唯有靠我們自己，才能維護旅客以及本身的安全。

(一)編組搜查隊

　　公共區域，如公共廁所、大廳、停車場、走道等場所，由安全室、工程部、清潔組人員編組，指定責任區，各負其責：各營業場所由各單位就其責任區內自行負責，倉庫由管理員自行負責。當下達搜查命令後，編組動員進行搜查。

(二)搜查方法

　　搜查人員攜帶紅色粉筆，將已搜查過的地方畫上記號，以免遺漏。從立足點開始自左至右，自下至上，不遺漏任何角落，例如垃圾桶、其他任何容器內與周邊、電話亭、桌邊、桌下、櫥內等任何角落都不遺漏。

(三)假設狀況

將偽裝的「詭雷」祕密藏在隱蔽的場所，於下達搜查命令後，若能在一小時內自行發覺者，給予獎勵金，並予記功；達二小時仍未察覺，經告知其範圍後仍無發覺者，該負責搜查人員核議處分，其隸屬主管受連帶處分。

二、成立防爆指揮中心

由安全主管擔任總指揮，設定聯絡電話，須達到多重管道使聯絡通暢的需要，並與警方保持密切聯繫。

三、發現可疑物之處置

1. 通報防爆指揮中心，先派遣有訓練、具經驗人員前往現場查看，據以判斷。
2. 經判斷確認可疑，立即指揮經訓練能使用「防爆毯」之人員，予以覆蓋。
3. 設定警戒線：以紅繩將警戒線四周隔絕，並派出警戒人員，管制行走通道。
4. 指揮中心於獲報後迅速報警。
5. 在警方專技人員未到達前，任何人均不得接近警戒區。

爆裂物之威脅，因事屬敏感，文字上的討論，流傳既廣，頗為顧慮。惟旅館業因營業係完全開放，很難避免遭遇威脅，從業人員應具有相當的認知，才能免於臨時慌張而不知所措，各地警察局均備有專技人員，可隨時聯絡各地警察局，請其派員針對旅館員工做必要的講解。

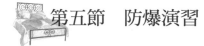第五節　防爆演習

爆裂物案件的發生還不像其他社會犯罪案件嚴重，因屬技術型態和智慧型態比較高的犯罪，但相對來說對社會、對人心的震撼是比較嚴重的。隨著社會劇烈變遷，炸彈問題勢必益趨複雜而逐漸嚴重。旅館內雖尚未發生過炸彈事件，但曾遭受炸彈電話恐嚇，旅館員工應對炸彈事件有所認識，最好每年一次聘請專家訓練員工具備一般知識，最少半年舉辦防爆演習一次，用以提高全體職工防爆警覺，加強地區責任觀念，訓練職工搜查技術，培養搜查能力，並藉以養成保護環境整潔、不隨意放置物品的習慣。

一、演習構想

1.假設情況：以假設之「爆裂物」放置於餐廳、廁所、安全梯道間、大廳、機房、管道間、茶水間、辦公室等場所，期望各該單位職工能自行發覺，或於下達搜查命令後，經搜查而發覺。

2.各責任區單位或自行發覺或經搜查後發覺可疑物品，疑似爆裂物後，須立即報告指揮所，派人前往察看。如確屬可疑爆裂物，即刻報警處理，並同時採取疏散措施。

3.各責任區於下達自行搜查命令後一小時內仍未查獲，應由工程部與安全室編組之搜查隊進行搜查。

4.演習前成立防爆指揮所，編組搜查隊。

5.防爆指揮所：

　(1)總指揮由安全室主管擔任。

　(2)搜查隊由工程部三人、安全室三人共六人編成三個小組，每二人一組。二人中指定一人為帶班，由下至上全面搜查。

二、演習程序

1.成立指揮所。
2.報告董事長、副董事長、總經理、副總經理。
3.選擇適當場所祕密放置可疑物（模擬炸彈）。
4.下達搜查命令，由總機轉達各協理、各部室經理，再轉達所屬各單位（須轉達至每一基層責任單位），接獲搜查命令之各單位人員，均須記錄時間及命令者。
5.下達搜查命令之時間，須待可疑物（模擬炸彈）放置妥當後一小時發布，俾能於未下達命令前自行查獲，用以鼓勵。
6.各單位於接獲搜查命令，能自行發現者，立即逕行電話報告指揮所查獲之時間、地點、查獲人姓名、職務。
7.各責任單位或搜查隊發現可疑物時，均不得移動，用粉筆或用繩索圈定位置，等待處理。
8.搜查隊人員經編組後待命進行搜查。

三、搜查方法

(一)各責任單位

1.應指定一或二人擔任搜查工作，不能多人同時搜查，免致紊亂而發生疏漏，影響效果。如一人搜查應由下而上，由左而右；如兩人搜查，應劃分區段，分別搜查，仍由下而上，由左而右；已經搜查過的地方，為免重複，則以紅色粉筆做記號，以免疏漏。
2.執行搜查，切忌驚慌，更不得驚擾顧客。

(二)搜查隊

1.搜查隊六人分三組進行搜查，每組指定帶班一人，分區進行。

2.如每區二人，仍可分段搜查，惟分段點可以重複，不可疏漏。

3.每組分區後立即由帶班者筆記應搜查地點，分別向指揮所報告控制區段時間後出發，指揮所則予以記錄。

4.分區執行仍由下而上，由左而右，如第一組搜查一樓，二組則搜查二樓，三組搜查三樓，然後第一組再搜查四樓，二組查五樓，三組查六樓，依此類推。

5.分配搜查任務結束後，電話報告指揮所。

6.發現可疑物，不得移動，立即報告指揮所，並以粉筆畫出標示的警戒線，或用紅色繩索圈出警戒範圍。

四、裝備

1.準備手電筒。

2.紅色尼龍繩。

3.紅色粉筆。

五、獎懲

1.各責任單位

(1)在未下達搜查命令前自行查獲者，發現人發給獎金若干，並予行政獎勵記功一次。

(2)在下達搜查命令後一小時內查獲者，發給獎金。

(3)在下達搜查命令後超過一小時查獲者，不予獎懲。

(4)在下達搜查命令後二小時仍未察覺者，其單位主管予以申誡一次處分。

2.搜查隊於搜查中查獲者，發給獎金若干，並予嘉獎二次。經搜查而未發現者，口頭糾正。

Chapter 11

危機管理

　　旅館業的重大危機，總以旅客的生命、身體、財產以及員工生命、身體的重大危害為主，雖未必因此類重大危害而影響營業中斷或終止營業，然必致影響。重大危害，又以火災、颱風、地震的影響最大，其次則是強盜、殺人、竊盜、詐欺、賭博等以及自殺事件，雖不至於對營業發生重大影響，但若處置不宜，影響旅館聲譽，或為旅客抱怨，影響營業發展，亦所必然，一同視為危機，一併列入管理，宜屬適當。

　　除消防災害之管理已於前述外，其他有關事項如下：

1.颱風災害之管理。
2.地震災害之管理。
3.顧客傷病及死亡事件之管理。
4.旅館員工重大職業災害之管理。

第一節　颱風災害之管理

　　第一，於氣象單位發布陸地颱風警報後，安全單位即應密切注意颱風消息，並向氣象局索取颱風流向示意圖，除隨時報告總經理外，並提供客務部於大廳放置颱風消息海報，使旅客了解颱風動向，以及提醒公關單位轉知其他單位，以備顧客了解。

　　第二，成立防災指揮中心，安全室主管負責擔任該中心祕書作業，呈報總經理召開防颱專案會議，決定防颱指揮中心成立時間，各責任區主管分別按分工任務執行。指揮中心組織系統圖見**圖11-1**。

　　第三，防颱救災指揮中心之工作如下：

1.總指揮、副總指揮：召開防災準備會議，就防災準備事項，預為籌謀。
2.防護組：各責任區採取各種防範措施如下：

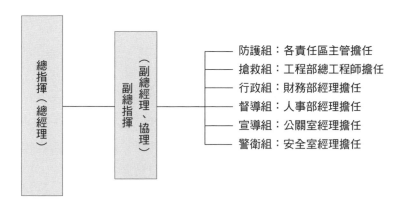

圖11-1　指揮中心組織系統圖

(1)檢查門窗是否牢固，門絞鍊有無鏽蝕失靈。

(2)關閉非必要之門窗，如屬中度以上颱風，風力達十二級以上，迎風面之玻璃門窗應裝防颱板或加釘木板，以防玻璃破碎，並準備強黏膠帶，以備黏貼玻璃門窗。

(3)檢查電路、瓦斯，注意爐火，慎防火災。

(4)準備照明器材，如手電筒及電池（避免使用蠟燭），以防停電時照明用。

(5)準備二至三日的疏菜，並節省用水。

(6)房屋外庭院內多種懸掛物、盆景及零星物件，凡易為風吹起者，應取下收藏，以防傷人。

(7)颱風後，立即整理環境清除汙物，噴灑消毒藥劑。

(8)颱風警報解除後，如有財物損失，應即清查列報指揮中心。

(9)如有需要緊急疏散客人時，安排交通工具，或電話「119」。

(10)高空作業停止，如清洗外牆，吊車應責由包商撤離。

(11)飲用水中斷時，準備客人用水。

(12)颱風前各餐廳菜餚之整備。

(13)各餐廳庫房如有水漬汙染，須清洗消毒。

(14)各單位不能返家員工之食宿，及翌日不能到工員工工作代替人員之整備。

3.搶救組：

(1)準備搶救必需之器材、工具，隨時做機動救災之支援。

(2)適時關閉非必要之門窗，並常派員穿梭巡視。

(3)巡視頂樓有無被風吹落或已鬆脫之物件，以及其他電線之牢固、雜物之清除、水道之暢通等，一一加以整備。

(4)庭院及四周照明設備或須加固，或須撤除。

(5)適時準備工作人員，於颱風轉強達十二級時，大門及周邊玻璃須加裝防颱板。

(6)市招加固或撤除。

(7)即時檢查發電機，俾作停電時自行供電之準備。

(8)非必要之風口，須注意風或水之滲入。

(9)注意道路積水及停車場進出口堵水，須預先準備沙包及抽水馬達等，以免地面下層被水侵入，確保地下停車場不遭水浸。

4.行政組：

(1)調查災害損失提供研討改善措施。

(2)完成倉庫防災措施。

(3)有關災害保險理賠事項。

5.督導組：

(1)協調餐飲單位準備供應必要的食物。

(2)協調醫務人員準備器材藥品待命。

(3)考評防護救災作業之優劣，提出檢討並列入考核。

(4)準備留守人員休息場所及寢具等。

(5)員工上下班時間之調整與公布。

(6)協調交通工具，隨時供應撤離或送醫之需要。

6.宣導組：注意颱風動態，即時提供最新資訊於大廳公告。

7.警衛組：

(1)加強巡邏，嚴加戒備，適時協調支援各單位做好安全措施。

(2)查看各地門窗是否牢固，有無可能被風吹落，即時聯絡搶修組設法改善，以免傷人。

(3)注意道路積水、地下停車場車道口和車道攔水，及大廳地面滲水等情況，隨時聯絡工程組迅做堵水及清理措施。

(4)注意防竊、防火，勿讓可疑人物逗留或藏匿。

(5)除必要崗位外集中待命，隨時做救護支援。

第二節　地震災害之管理

一、平時準備

各責任區負責主管應督導所屬隨時做好下列各項安全措施：

1.不使用的電器（如電視機、電鍋、電熨斗、吹風機、咖啡爐、烤麵包機等等）應養成拔掉插頭的習慣。

2.電氣用品的周邊或其附近絕不放置易燃物品，如紙張、書報、布巾之類。

3.電視機一定要放置穩妥，最好能固定，上頭不放置任何可能墜落的東西，如花瓶等。

4.使用電氣的地方，千萬注意不要有易燃物，或可能有物體落下的地方，及不靠近出入口的地方。

5.養成下班前檢查瓦斯爐灶、瓦斯器具是否關閉的習慣。

6.瓦斯爐、瓶裝瓦斯一定要固定穩妥，防止震動傾倒。

7.使用瓦斯爐，打開開關前先檢查配管是否漏氣，養成好習慣。

8.使用中的瓦斯爐如果熄滅，一定得先關閉爐灶開關，檢查有無漏

氣，確定沒有漏氣顧慮後，才開火。

9.暫不使用的瓦斯爐灶，不要僅關爐灶開關，要關總閥或瓶蓋開關。

10.下班前檢點瓦斯爐，除爐灶開關要關外，並關總閥，將栓板放在指定地點。

11.危險物品不放在高架上。

12.任何物品不要吊掛，以防止受震墜落。

13.玻璃容器、陶瓷類餐具妥放在櫥櫃最下層，堆放時要牢固。

14.靠近火源及容易發生火花的附近，不能放置易燃物品，尤其是溶劑類等易揮發的物品。

15.走廊、樓梯間千萬不可放置物品，妨礙通行。

16.消防設備隨時保持在堪用狀態。

二、地震發生時

第一，全體人員皆互相提醒並高聲喊出：「切斷電源」。應注意事項如下：

1.按由近而遠的順序，將使用中的「火」全部熄滅（包括香菸、蠟燭等）。

2.趕緊切斷、關掉、旋緊所有瓦斯用具的氣閂、開關、瓶頸蓋。

3.趕快切斷所有使用中的電氣用具電源。

4.千萬不要發出無意識的喊叫聲，保持冷靜，不要慌張，不要往外跑或向下跳。

5.可能的話，藏在桌下或站立在牆角，不要蹲坐，用輕軟衣物覆蓋在頭上。

6.不可驚慌喧嘩，假若停電，也只好靜靜等待。

7.萬一被困在電梯內，最好坐在電梯底部，不要隨便按電梯開關，等待救援。

8.爐灶附近如有易燃物掉在旁邊，須立即清除掉。

9.當電梯門打開時，查看安全後，要毫不猶豫地立刻走出電梯。

第二，電話總機緊急廣播，安定旅客心理：

1.告知客人：本大樓建築物有防震設施，極為堅固，請不要慌張，趕
　快熄滅火源。

2.如遇停電，應廣播告知此乃暫時停電，很快就會恢復，請不要跑出
　室外。

　　第三，安全室人員須加強巡邏及重點守望勤務，注意火警及防範宵
小乘機行竊。

　　第四，工程部施行緊急措施，如控制電梯、電源、冷暖氣、瓦斯總
開關及消防泵浦等各系統設備。

三、火警發生時

　　地震中可能同能發生火警，為全體員工共同防範之事項：

1.最先發現火警者要大聲喊叫「起火了」。

2.用最快速的方法通知他人：

　(1)用消防栓上的「火災發信器」，或使用館內「緊急聯絡電話」，
　　　惟須先說明「火警」發生地點，再說明自己的姓名和所屬單位。

　(2)趕快用手提滅火器或消防栓內伸縮水帶滅火。

3.全體員工依照火警處理程序進行救災。

四、地震停止時

　　全體人員均須立即採取下列措施：

1.即時檢查應熄滅而未熄滅的火源、未關的瓦斯、未切斷的電源開關等，可能會有第二次的餘震，尚須繼續防範。

2.墜落地面的物件，查看有無容器破碎，溢出液體，會使地面濕滑或有致其他危險的可能，須迅速予以清除。

五、使用瓦斯前的安全處理

1.使用瓦斯偵測器或嚴密檢查瓦斯開關、瓦斯配管、用具，有無因地震而漏氣，確定無顧慮後，才可使用。若瓦斯漏氣，可能會有瓦斯爆炸的危險。

2.如果有瓶裝瓦斯傾倒，或用具傾斜，或被其他墜落物品壓住，除扶正清除外，仍須注意是否有瓦斯洩漏，確定後再使用。

六、其他

1.各責任區主管應於二小時內調查損失情形，呈報總經理。

2.財務部洽辦保險理賠事宜。

3.安全室承總經理之命召開檢討會議，檢討損失，以供改進之依據。

第三節　顧客傷病及死亡事件之管理

顧客為一泛稱，包括住房旅客（房客）、餐飲消費之顧客及在旅館內其他公共區域（如商店街、大廳、各樓層）活動之所有外來人員均屬之。凡因疾病、受傷，甚至死亡者之處理方法，分述如下。

個案研究

房客自殺事件之一

　　某一著名大學女生與同校醫學院男生相戀多年，男生移情別戀，女生不堪感情挫折，自殺獲救後本已平息，希望藉出國求學、改變環境來求解脫，且一切已準備就緒，卻又在此際，不期再於街頭邂逅該無情男子，舊情復燃——此皆為女生之老邁雙親在處理後事時，到旅館清理遺物，看到遺書後透露的。

　　這名癡戀的女生，情網糾纏難分難解，男生卻是薄情無義，一面虛與委蛇，一面仍與另一女生交往，對癡情女生謊稱已斷絕往來，竟利用星期假日偕另一女生遠赴秀姑巒溪泛舟，多情女生探得返回的火車時刻後，親往火車站癡候，親見其偕另一女友雙雙返來，此情難堪，不難想見。但在相遇後不動聲色，仍相偕於某旅館關房同居，一夜纏綿後，男生在上午九時許先行離去，該女生竟於寫完致其父母遺書後，跳樓自殺，緊急送醫後無救，秀麗溫婉的年輕生命，就此與世長辭。

　　據清理該房間的女服務員稱，她見該男生單獨先行離去後，曾至房內打掃，見該女伏案疾書，淚流滿面，傷心欲絕，雖曾感覺有異常情，但卻沒想到會是如此結局。遺書中痛責該男子玩弄感情，真是字字血淚，該女服務生自責不已，燒香拜拜。案經報警後，檢察官先至醫院勘驗後再至旅館現場履勘，詢問相關人員，其父母於看到遺書後，再也忍不住老淚縱橫，把女兒癡心的愛戀告訴檢察官和在場的所有人，包括法官、警察和旅館人員，無不同感悲情。

房客自殺事件之二

　　日籍單身旅客，四十多歲，原訂房一週，後再續住四天，這十一

天中除用餐之外很少外出，沒有電話往來，也沒有訪客。據服務人員說，他的態度和藹，對服務人員很客氣，有禮貌，感覺到他很孤單，但都對他很有好感，攜帶的行李不甚多，也很正常，沒有人會想到他有輕生的打算，就在自殺當天，對人更感客氣，對服務人員一再感謝，完全沒料到他會用很特殊的方法，結束自己的生命。

服務人員發現時，他仰躺在床上，頭在枕頭下端，雙腳伸出床頭外，一隻腳穿著鞋，另一隻鞋掉落在床頭地毯上，衣著整齊，右手邊有一只電源遙控開關器，電線插頭插在牆腳下的插座上，電線從衣服外穿到衣服裡面，已經死亡。旅館人員依例通報特約醫院醫師前來診斷，醫師到來後，把衣服解開，才發現電線的兩極，一頭在心臟，一頭在背後，都用膠帶固定，右手拿著開關遙控器，以電擊心臟的方法結束生命，看見的人無不訝異，真是見所未見。殊不知醫生的好奇，卻添了麻煩，當檢察官到達相驗屍體，詢問最先發現的人，再問醫師到達時間，何以要解開死者衣服，醫生回答說是診察心臟，隨行法醫很不諒解，認為屍體已出現屍斑，醫師到達前早經死亡，根本不須再診察，對死亡時間的判斷，表示不同意見，不肯在死亡證明書上簽名，幾經折衝，終以同情死者的原因才允簽字。

死者留有遺書和遺物，在致旅館的紙條上帶有歉意地表示給旅館帶來了麻煩，並說明遺有名貴手錶一只，指定要贈送給居住在花蓮某地的女友。另有一紙條，也不像是遺書，是一位住在香港的女生，似乎是從香港來台，好像是他迷戀的女人，遺留物中有些似玩具的東西，有些是家庭的用品。總之，完全不明白他為什麼自殺，而且準備得如此周到，一團迷霧，都交給日本交流協會去處理了。

房客自殺事件之三

日籍青年男性旅客隻身來台，當日進住後，曾至咖啡廳進餐後

未再外出，但於零時左右要求換房，同一樓層，同樣的房間，只不過換個方向而已。夜間工作人員對其要求換房雖感覺有些奇怪，但也看不出任何狀況，不意他竟自十樓縱身跳下，時間是在清晨五時左右，因有人聽見重物落地的聲音，最終發現是日籍房客。客房門反鎖，為了保持現場完整，在檢察官未到達前，不打開房門，經報案後刑警到來，要求打開房門，我們認為等檢察官到了才妥當，刑警說他可以作證，刑警認為如果有第三者在房間，或者有生命的脅迫，必須進一步了解，我們說明了該房客曾在零時許換房，確證房內再無他人，才獲得同意。待檢察官蒞臨後，先陳明原委，才由工程人員以工具開啟房門，檢察官仔細勘查，並未發現遺書，但很零亂，茶几上有兩只菸灰缸積滿菸蒂，喝了四罐啤酒，足證該死者從零時換房後未再入睡，雙腳尚穿著白色運動襪，不知為何如此急躁！這時檢察官發現窗門打開，但門檔仍扣在原來位置未曾打開，這窗門是如何打開的，他表示懷疑，仔細察看，才明白竟然是用兩支牙刷掰開的，奇怪的是，檔扣於掰開打開窗戶後，何以又回到原來位置，但因用來掰開檔扣的兩隻牙刷仍很整齊的擺放在附近茶几上，經驗老到的檢察官除命書記官一一詳予記錄外，並對在場的日本交流協會人員詢問有無意見。

　　他國籍旅客死亡，須通知該國的使領館人員前來處理後事，並陪同檢察官履勘現場及屍體，調查死亡原因，旅館人員並須負責通知日本在台交流協會人員到場，由日本交流協會通知死者家屬，死者家屬來台後由交流協會人員陪同到旅館，要求到該客房查看。當時就對窗戶為何打開，表示懷疑，待其返回日本後約有一週時間，日本一家保險公司派員前來調查，也對窗戶的事表示嚴重懷疑。我們告訴他，檢察官有詳盡的調查，可向警察機關申訴，聯絡法院地檢署，當可完全了解。檢討本案的處理，當時堅持不先打開房門，待檢察官到達後才開啟房門，由檢察官證實房內無第二人，檢察官也很有經驗，檢查得

很詳細，才沒有因此引起糾紛。

準備自殺獲救

三十多歲的男子，衣著整齊，隻身至櫃台訂房，於登記後進住到房間，櫃台人員再仔細查對其登記的資料，發現登記的住址竟然離旅館僅只有十多分鐘的位置，又想到他不僅沒有攜帶行李，甚而連手提包都沒有，且略有酒意，遂立即通報安全室會同房務部人員密切注意，防範發生意外。安全室乃聯絡電話總機，由總機人員查知該房客在與館外電話中，有輕生的話，立刻向管區警察派出所報案，請求給予保護，警察立即派員前來，將其帶回保護，阻止了一次不幸事件的發生。

綜合分析

旅館似乎是提供給有意輕生的人一個方便的場所，也有些人刻意選擇在旅館裡結束生命，旅館從業人員盡可能的注意防範，但卻防不勝防。如以個案一中某女大學生跳樓一案為例，雖客房服務員曾發現其在男友先行離去後，伏案疾書，淚流滿面，似不正常，卻萬沒料及即將輕生，事後悔恨不已。假若想進行挽救，又該如何處理呢？直接勸解嗎？是否顯得唐突？能否不顧及服務的原則，用其他藉口呢？似都不恰當，倉卒之間，實在也想不出更好的方法。

個案二中的日籍旅客，選擇用電擊心臟的方法結束生命，更是聞所未聞，見所未見，而且是相關用具，如電源線、遙控開關、用以固定電源線於身體的膠帶等均準備齊全，好像是在離開家時就已經預先籌劃妥當，並留書給旅館的服務人員，表示歉意，而事先竟看不出任何準備尋死徵候。

個案三中的日本人在零時還要求換房間，是否要選擇某個方向再躍身而下，更令人莫名其妙。

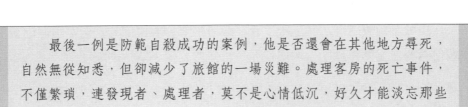

最後一例是防範自殺成功的案例，他是否還會在其他地方尋死，自然無從知悉，但卻減少了旅館的一場災難。處理客房的死亡事件，不僅繁瑣，連發現者、處理者，莫不是心情低沉，好久才能淡忘那些晦氣的印象。

思考方向與訓練

在客房發生旅客死亡事件，不論其死因為何，皆須報請當地法院檢察署，由檢察官偕同法醫、書記官蒞場勘驗，調查死亡原因，出具死亡證明書，才能處理屍體。須注意保全證據，等待檢察官蒞場。

一、房客之死亡與傷病事件處理應注意事項

第一，首先發現事件之員工，應以最迅速的方法通報房務部主管與客務部值勤經理，並聯絡安全室值班領班。

第二，由以上三單位人員（房務部主管、客務部值勤經理、安全室值班領班）組成處理小組，立即趕往該客房探視。

第三，一般傷病，先徵得房客同意後，陪同客人由旅館駐館醫師診治，或請駐館醫護人員至客房診治，或遵醫囑外送醫院診治。

第四，外送醫院須先徵得房客意見，或為爭取時間選擇就近醫療院所，準備車輛並派員護送及安排就醫手續。

第五，重病、傷房客，處理小組注意爭取時間，先召駐館醫護人員，告知係重病、傷，俾其迅速到達房間診治，遵其指示，或須迅速送往醫院，惟須醫護人員與客務部人員護送至醫院並安排就醫。診治情形，隨時與客務部值勤經理聯絡，由值勤經理掌握諸般情況。

第六，在客房內因重病或疑似任何原因之死亡事件，均須經由醫師判斷，如已屬於確定死亡事件，仍由處理小組（房務部、客務部、安全室

人員組成）負責處理，其上級主管，即房務部、客務部、安全室經理均須親自督導並協助處理，公關室經理亦須參加，按下述程序辦理：

1. 安全室向管區派出所及分局刑事組報案，因須爭取時間向管轄法院地檢署報案，應要求檢察官提早勘驗現場，並派出專勤負責封鎖現場，保持現場完整，等待警方陪同檢察官蒞臨。

2. 房務部負責將首先發現事況的人員、前往診斷的醫護人員，以及處理小組約齊待命，因檢察官蒞臨後，須詢問相關人員有關發現經過及處理情形，並協助維護現場的完整。

3. 客務部須設法通知該事件當事人的家屬，促其趕快前來認屍及處理後事，如果是外國人，則應通知該國在台使領館或在台機構派員前來處理。應在檢察官抵達前到達旅館，以免延誤勘驗時間，影響處理進度。

4. 公關室負責處理相關新聞事項，盡可能秉持尊重旅客不外洩的原則。從事旅館業的人員，對旅客的任何事故都有保密的責任，沒有權利不顧及他的尊嚴而洩漏客人的事情，尤其是已經往生的人。所以，凡是處理過該事件的旅館從業人員都不應向任何人透露原委，也該養成不因好奇而向別人打聽不該知道的事情。

5. 待檢察官勘驗結束，由法醫出具死亡證明書，可以搬動屍體後，發交給家屬處理，安全室人員則是協助家屬處理有關搬運的事宜，若是使領館人員，具有處理類似事件的豐富經驗，旅館人員應站在協助立場，千萬不可擅作主張。

6. 搬運屍體，不要使用客用電梯，以免驚動其他旅客，應該利用員工電梯，最好是不用擔架，須責成葬儀社人員用背負式的直接送到地下停車場。需要注意的是，先叮囑葬儀社來車駛進停車場時擺放在哪部電梯的出口附近，都得事先安排好，因為，此類事件知道的人愈少愈好。

二、餐飲部門各營業場所重大傷亡事件應注意事項

第一，事故處理小組為該餐廳（責任區）主管、安全室值班主管、大廳值勤經理及公關室主管。

第二，一般客人在營業場所發生跌倒或碰撞等輕微之傷害，或有親人陪同或是單獨一人，均須先徵得其同意後，由駐店醫護人員診治，苟若願意自行前往醫院求診，可協助約定計程車或向「119」求援，任其自行前往即可，如係計程車送往，須記下計程車車號並記錄時間。

第三，一般客人如係重病或暈眩，甚而有休克現象，須慎重處理，如有親友陪同，餐廳人員除立即通報安全室值班主管協助準備交通工具（向「119」求援），並報告大廳值勤經理，由其通報醫務室公共關係室外，並須由現場領班級以上人員協助其親友照顧病患，但以協助之地位，如準備枕墊、熱水、溫開水、冰枕等，並告知已通知駐店醫護人員以及向「119」求援救護車輛，如其有自備車輛，應即要求大廳值勤經理派擔架支援。醫護人員抵達現場，或須由服務人員陪同護送醫院，否則由其親友送醫，毋須派人陪同。

第四，病重或暈眩客人，如係房客，除依照上述程序處理外，並須由客務部人員陪同送醫並代辦求診手續。

個案研究

客人急病不治

高級中餐廳的房間部一對未婚夫妻由雙方家長陪同宴請親友，雖僅一桌賓客，但氣氛熱烈，惟不幸發生意外，身體微胖的男主人在菜餚尚未上桌前即昏倒宴前，經緊急送醫仍告不治。

在菜餚尚未正式上桌，僅有小菜時，主人即開始勸酒，據稱，一

瓶「XO」已喝掉大半瓶，男主人似善酒者，可能是空腹飲酒，又過分興奮之故，遂不支倒地。該餐廳領班乃即通報安全室及駐店醫護人員，安全人員到達發現狀況後，迅即離開現場以電話向「119」求派救護車，準備緊急送往醫院；醫護人員到達後連忙將患者平躺地毯上進行診察，並吩咐緊急送往醫院，而餐廳服務人員因忙著通知廚房暫緩出菜，往來奔波，未能守在現場照顧，致使當事人不滿。死者家屬與其未婚妻於處理喪事完畢後竟至該餐廳，大興問罪之師，怪罪該餐廳因上菜太慢，以致空腹飲酒過量，導致心臟病突發，且於發病後，餐廳人員皆未出面照顧等等，要求賠償，並揚言招待記者，討還公道。該餐廳人員見已形成糾紛，遂邀安全人員前來代為說項，經安全人員解釋，諸如醫護人員與支援的安全人員，均是餐廳服務員電話召來，都屬旅館服務人員，該餐廳服務員因見已有醫護人員在場，遂暫時他去，並非全不關心，一再致歉後息事。

分析

當事人於發生如此重大的不幸事件，遷怒他人，亦事屬平常。旅館內的餐飲場所，因係旅館附設，較之一般坊間餐廳在處理類似事件的立場上亦有所不同。不可諱言的是，因為客人的要求也會比一般餐廳要多些，像如此事例，發生在一般餐廳，不會有要求賠償的道理，在旅館的附設餐廳裡面，當然也就認為該多些服務，要殷勤、周到一些。

思考方向與訓練

在突然發生事端之際，當事人驚悸而手足無措，自是必然，餐廳服務員立刻召來了駐店醫護人員，且準備好救護車，都是很得體的措施，假若在當事人緊張困惱之際，更能再奉上一杯熱茶，或遞上一條熱毛巾，而不要以醫護人員、安全人員均已到場為滿足，試想，他們還會有話要說嗎？

三、公廁、大廳或建築物周邊之重傷事件應注意事項

　　第一，發生於公共廁所、大廳等不屬於各責任區範圍及建築物周邊之事故，由安全室與大廳值勤協同處理，並通報公共關係室人員陪同。

　　第二，一般客人或房客，如係跌跤、撞蹬等較輕微傷害，由駐店醫護人員處理並表示歉意。如受傷較重須送醫治療者，無論有無親友陪同，仍須由安全室人員陪同前往醫院照顧，且須確實查明受傷經過，了解原委，忠實地記錄發生（或發現）的時間、地點、真實原因等。如係房客，客務部則須派人陪同，應格外注意照顧的態度，因可能會有賠償要求。

　　第三，發生於旅館周邊物件墜落傷人，無論是房客或一般客人，甚或是不相干者，均應以挽救生命為第一要務，爭取時間護送醫院，也許就能在早到醫院的數分鐘時間內能救治其生命。惟須保留現場完整，由安全室與大廳值勤經理協同辦理，公關室協助有關新聞事項。如既已死亡，則依照前述之原則處理。

 個案研究

高空吊車墜落傷人

　　曾發生清洗外牆時吊車自高空墜落，導致清潔公司及路人兩名死亡、兩名輕傷之意外事件，媒體喧騰一時，視為是一起重大的公共安全事件。旅館外牆大理石牆面，每月定期清洗，招攬專業清洗外牆的公司作業，不幸於下午五時許準備收工之際，架設在屋頂女兒牆上的支臂脫落，吊車自五層樓的高處墜落地面，恰巧有一專科學生在走廊邊等候公車，被墜落的吊車擊中，當場死亡；另一高中學生恰巧路過，雖只輕微傷到腳趾，但也頗受驚嚇；而吊車上負責清潔的公司老

闆當場死亡，另一工人則雙腿折斷。以旅館的立場，幸好只是第三者，因旅館的清潔工作是由一家清潔公司承攬，該公司再將外牆清洗部分，轉包給另一家專洗外牆的公司，該清潔公司應負承攬的責任，旅館僅是站在道義的立場，但事件發生在旅館，管理上總是發生問題，應該檢討的地方很多。

分析

據事後了解，該清洗外牆的清潔公司僅有一部吊車，兩個員工，所以老闆自己也在吊車上被摔死，與旅館有契約關係的清潔公司只為貪圖價格便宜，才將外牆清洗的工作轉包給他，雖然訂有契約，但仍不能推卸責任。

思考方向與訓練

旅館方面雖係事故的第三者，沒有法律責任，但仍有值得檢討者：首先是契約關係，在與清潔公司訂定全館清潔工作合約時，就該了解外牆清洗具高空作業危險性，不論該清潔公司本身是否具有外牆清洗的專業，在契約中就該明白要求：每次外牆的清潔作業人數、吊車是否經檢驗合格、施工人員的條件，甚至保險等均須有明白規定。否則，該清潔公司就不至於只貪便宜，將此高危險的工作轉包給條件不足的公司，終至自食惡果。再就是管理的問題，在進行高空作業過程中是否達成要求、地面有無設置安全圍欄、是否派人看守等，皆不可馬虎，除業務主管單位因職責所在，應全面隨時查察外，安全室及大廳管理單位皆負有監督責任。

第四節　旅館員工重大職業災害之管理

　　旅館業因服務的需要，員工眾多，工作場所雖不似建築工地或一般工廠，但廚房裡有火、有刀，工程部有鍋爐、機械，尤其清潔人員所使用的各種清潔劑非酸即鹼，雖皆中性，但清潔人員每為工作便利起見，偷偷使用強酸強鹼，皆有安全顧慮，尤其在上班途中為求方便多利用機車，交通事故頻繁，造成職業災害，常難避免。除須加強宣導，隨時檢查，用以消除多項危險因素外，萬一發生事故，其善後處理亦須有所了解，以下為各項注意事項：

　　第一，任職員工包括工讀生在內之所有從事旅館業工作之全部人員在內。

　　第二，無論輕重傷害，均依據《勞工管理條例》之規定辦理，已如前章所述。惟重大傷害致殘，甚而死亡者，依《勞工安全衛生法》第二十八條規定，應以最迅速方式報告當地檢查機構，即縣市政府勞工局所屬勞工檢查所，及當地警察機關：

1. 負責處理之小組成員，由該員工所隸屬之單位主管、勞工安全管理師、人事管理單位主管、安全室主管、公關室人員組成。
2. 事故單位主管迅速通知員工家屬前來照顧。
3. 人事室除準備相關福利所得資料以備詢問外，並協調單位主管負責照料家屬，協助處理後事。
4. 勞工安全管理師應即著手調查事故原因，並立即以電話報告勞工檢查所，指揮保持現場完整，詳細記錄事故發生之時間、經過，尤其是緊急救護措施之經過等，以備檢查人員及法院地檢署檢察官之詢問。
5. 安全室負責與警察機關聯絡，先電話報告當地派出所，並爭取時間報告分局刑事組，以利迅速向當地法院地檢署報案，請檢察官相

驗，並派出專勤負責維護現場秩序，保持現場完整。

6. 事故現場須保持完整，關係重大；除刑事責任之鑑定外，就是事故原因調查與分析，任何災害與疾病的發生，必然有其原因，絕不會平白無故發生，一定有發生事故的直接原因，且在直接原因的背後，還有其他遠因或潛在的原因，對事故責任的關係須有明確的了解，端視現場的保護完整與否。

7. 事故現場維持完整應注意事項：

(1) 事故發生時，為搶救傷患，必然有一陣混亂，沒有人會顧及到如何才不至於破壞現場各項跡證。但在安全人員到達現場後，應憑專業知識注意現場情況，立即以文字記錄事故發生時間、有無現場目擊證人、姓名、所屬單位、搶救傷者人數、情形等，對進入現場人員的進出路線詳細記錄，立即拍攝照片，為免現場繼續遭到破壞，應即以圍屏或繩索將現場圈離，禁止他人進入，等待檢查人員及檢察官勘驗。

(2) 安全人員僅負責維持現場秩序，盡力保持現場完整，不對事故原因表示任何意見，以免有誤導之譏。

8. 事故糾紛之處理：所謂糾紛是為事故發生後，當事人家屬於悲痛之餘，必然心存憤懣，不論事故原因是個人因素或環境因素，對受損害的勞工均宜多予照顧，但亦不能漫天要價，徒增紛擾，應迅速處理事項如下：

(1) 人事單位應迅速將事故當事人之保險受益金額，詳予計算。

(2) 組成事故處理小組，由人事部負責召集，參與人員應包括當事人所屬單位主管、安全室主管、勞安單位、公關室主管。

(3) 由人事室通知當事人家屬，並指定專人負責聯絡、接待、協助辦理喪葬事宜等。

Chapter 12

物業管理

第一節　概述

一、詞語解釋

1.物業管理：係自境外輸入，我國在此一詞輸入前，訂有《保全業法》，依法設立保全公司，從事物業管理業務。

2.公寓大廈：係指高樓大廈，供人集合居住之建築物。《建築法》第五條所指是供公共使用之建築物。因住戶之權利、義務，及因共同居住相關的消防設備、防火設施、電梯、衛生需要、飲水、排水等等相關設備，需要共同之管理，我國於84年6月28日實施《公寓大廈管理條例》。

3.供公眾使用建築物：《消防法》第十三條：「一定規模以上供公眾使用建築物，應由管理權人，遴用防火管理人……」《消防法施行細則》第十三條更明訂：「一定規模以上供公眾使用建築物，其範圍如下：一、電影片映演場所（戲院、電影院）、演藝場、歌廳、舞廳、夜總會、俱樂部、保齡球館、三溫暖。二、理容院（觀光理髮、視聽理容等）、指壓按摩場所、錄影節目帶播映場所（MTV等）、視聽歌唱場所（KTV等）、酒家、酒吧、PUB、酒店（廊）。三、觀光旅館、旅館。四、總樓地板面積在五百平方公尺以上之百貨商場、超級市場及遊藝場等場所。五、總樓地板面積在三百平方公尺以上之餐廳。六、醫院、療養院、養老院。七、學校、總樓地板面積在二百平方公尺以上之補習班或訓練班。八、總樓地板面積在五百平方公尺以上，其員工在三十人以上之工廠或機關（構）。九、其他經中央主管機關指定之供公眾使用之場所。」

4.辦公大樓：建築物內專用作辦公室使用之大廈。

5.居住、辦公、商店合用之大廈：大廈之一樓地面設商店，因為都在

五百平方公尺以下，並沒有限制使用範圍，但也有社區，在管理規則中規定不准許設置飲食店。還有純住家大廈。

6.起造人：《建築法》第十二條明白說明建築之起造人為建造該建築物之申請人。一般稱為建商，實際之投資人。

7.承造人：《建築法》第十四條指明建築物之承造人為營造業。多為投資人自營，以依法登記開業之營造廠商為限。

二、公寓大廈內重要設備與設施

《建築法》第十條關於建築物之設備所稱為建築物設備，為敷設於建築物之電力、煤氣、給水、排水、空氣調節、昇降、消防、防空避難及汙物處理等設備。此乃為概括之規定，茲再引申說明如下。

(一)電力

建築物諸設備或設施都要電力供應才能驅動，電力公司將電力輸送到戶外，再由接戶線轉送到建築物內，每在底層設電氣室、配電箱，並分別在各地區設有電氣開關及電路插座，輸配電線密布。

(二)煤氣

天然瓦斯由屋外經管路舖設於屋內，供餐廚、茶水間、沐浴使用，在屋外設有總開關，為一旦發生火災時，於屋外即能迅速關閉瓦斯通路。

(三)給水

自來水經管路輸送到底層水池，再藉電力抽送到頂樓水塔，分別輸進各使用處所，輸送水管分布在牆壁、地板，若有滲漏，影響至大。

(四)排水

1. 雨水：屋頂、雨水經管道直接排放到戶外水溝歸流到地下水道。
2. 汙水：廚房、浴室洗滌用水，經管道排放到底層汙水池，再以抽水馬達送至戶外下水道。
3. 便斗（抽水馬桶）、便池（小便斗）：糞便經管道排放到底層化糞池，經過濾或處理後，由馬達抽放到屋外地下道。

　　排水系統多有其管道，密布在牆壁、地板內，垂直或彎曲、斜橫。每有施工品質不良或施工不慎而致龜裂或滲漏情形，尤其頂樓排水防漏施工不良更普遍。

(五)消防水池

　　建築物底層設有消防水池，儲水以備救火之用。

　　建築物底層設有化糞池、汙水池、消防水池、飲用水池（自來水池），曾經發生飲水池遭汙水及化糞池引流水汙染致住戶集體中毒嘔吐腹瀉情事，經查證是施工不良所致。

(六)空氣調節

　　住家大樓因僅供居住，使用空間不大，多因需要不同，或裝置分離式冷氣機或窗箱型冷氣機，調節室內空氣。尚有在廁所內抽水馬桶管道裝置抽風馬達排氣。

　　凡供公眾使用建築物如觀光旅館、電影院、超級市場、遊藝場等場所因空間大，多設置中央空調系統，設施頗為複雜，略述如下：

1. **製冰主機**：所謂中央空調，是製冰主機製造冰水，經散布於各樓層天花板內的管道，送到各出風口，用一組小風扇將冰水散出的冷氣搧出，使室內空氣變冷。
2. **送、排風設備**：室內空氣使其保持流動狀態，供冰水管排出的冷氣

才能發生應對的作用，達到空氣調節的功能。有在頂樓裝置送風機具將新鮮空氣送進來，多樓層裝置抽風機，將室內已混濁的空氣排出，更有在屋頂送風機前端裝設預冷設備，使新鮮空氣預冷後送入，促使室內空氣，在冰水尚未轉動前，不僅室內空氣已先排出，新鮮風還能讓空氣溫度降低，待製冰機冰出冰水後，室內空氣愈加舒適。

冰水機在各樓層運轉後，再流通至頂樓散水塔，將水溫在自然空氣中調節後，再迴流到製冰主機內。唯此散水塔是開放式，接受自然空氣的汙染，必須善加處理。

(七)昇降機

規定在六樓以上，室內設置供使用上下樓層的機具，俗稱電梯，因其懸置於獨立空間內，安全至為重大，我國於79年2月2日經內政部訂定《建築物昇降梯設備管理辦法》，並歷經修訂，第一條開宗明義即將立法主旨說明：「為加強建築物昇降設備之管理，以維護公共安全，特訂定本辦法。」須定期由專業廠商保養維護。五樓以下未有規定設置電梯。

(八)消防設備

為六樓以上建築物所必須，《消防法》訂有嚴格規則，且定期檢查，《建築法》並規定須在檢查通過後才能領取使用執照，除消防設備外，並要求防火設施，本書第七章已有詳細敘述，足夠參閱。

(九)防空避難

是指發生空襲時的避難場所，六樓以上建築物多設有地下停車場可供防空避難需要；故在停車場內，不許有其他設施，否則即是違規行為。

(十)汙物處理

按現行垃圾分類的處理辦法,垃圾不應再視作汙物,唯仍需謹慎處理,不然的話,不僅形成髒亂,甚而影響安全。茲分別就各類建築物因不同的使用加以說明:

■ 商業辦公大樓

公司行號使用面積大小雖有不同,辦公室產生之垃圾,多屬可回收物類或一般垃圾,很少有廚餘的煩惱,皆僱用清潔人員或外包給清潔公司按日處理,能完全達到垃圾不落地的要求。

■ 住家大樓

住家大樓各立門戶,必須炊飯,故除有一般垃圾與可回收物類外,尚有最難處理的廚餘。所謂廚餘,即廚房因炊煮食物而產生的肉屑、碎葉、果皮、殘根剩葉,都可能腐臭生蟲,茲生蟑螂,引來鼠輩,影響環境衛生莫此為甚。凡新建住家大廈於社區內建設垃圾集中處理場所,保持恆常低溫,並按垃圾分類原則包紮妥當,於垃圾車到達時直接送上車。廚餘須用桶裝,使不致外洩。雖然住戶各自將分類打包的垃圾,送到垃圾處理場所的過程,有不同的規劃,一般社區的住戶對垃圾處理的態度皆有一定的修養,做好垃圾分類,分別包紮妥當,雙層袋盛裝,防範溢漏,唯有大台北地區規定制式垃圾袋外,其他地區對用什麼垃圾袋尚無要求,僅要求垃圾不落地而已,社區垃圾也應該以垃圾不落地為原則,有的規定由住戶直接送到垃圾處理場,有的規定將廚餘包紮妥當後放在桶內,其他垃圾包紮後,均放在自家門前,每天定時一次或二次,由清潔人員收送到處理場,也有在地下停車場放置垃圾桶或垃圾子母車,住戶將包紮妥當的垃圾袋丟放桶內,再由清潔人員搬運到處理場。尚有社區未設有設置垃圾處理場所,只好在垃圾車到達前將垃圾集中放置社區門外,由清潔人員送上車,也有僱用貨車放置垃圾後運上垃圾車,端視社區環境採用適當措施。

■ 觀光旅館

　　觀光旅館裡有各類型餐廳、各種廚房、點心房、咖啡廳，還有廁所。餐廳廚房產生的殘羹菜屑，不僅量大，易腐爛肉類也多，客房和公共區域的報紙和紙張，電腦用紙等充塞，更甚是廁所丟棄的衛生紙，常會製造髒亂，但都不是問題，專設有處理場所及專業人員負責管理。

　　各類型廚餘處理依政府法令要求，為能達成垃圾不落地，關於汙物、廢棄物處理與環境清潔工作密不可分，如何運用清潔機具以及勞動人力，值得討論。

第二節　公寓大廈管理條例重點闡述

　　《公寓大廈管理條例》（以下簡稱本條例）第一條，開宗明義就說明立法意旨是「為加強公寓大廈之管理維護，提昇居住品質」。本條例公布於民國84年6月28日，而在此法公布前公寓大廈因社會發展、城市人口稠密，房屋建築向空中發展，遂有集中居住，基於住戶的權利義務，以及提高居住品質、生命財產之維護，個人行為之約束力，且因住戶間與建商間須有法律加以規範，故有本法之產生。本法共五十二條，選擇重要部分闡述於後。

一、詞語解釋

　　1.公寓大廈：公寓與大廈，在使用上是二個不同的詞義，公寓是供家居的房間，大廈在使用上是指供作辦公的房屋，本條例第三條第一項第一款指出：「公寓大廈：指構造上或使用上或在建築執照設計圖樣標有明確界線，得區分為數部分之建築物及其基地」。

　　2.區分所有：「區分」和「所有」，是兩個不同的詞義。「區分」的

意思是說這棟房屋在構造上、使用上或在建築上有明確的界限，譬如可以用牆壁、房門作界線，區隔成很多間，不管是「住家」還是「辦公」或者是要劃作倉庫使用，在區隔裡面，具有「所有」，就是指有單獨的「所有權」。本條例第三條第一項第二款載明：「區分所有指數人區分一建築物而各有其專有部分，並就其共用部分按其應有部分有所有權。」

3. 專有部分：是指各在界限內具有所有權的部分，譬如說每個具有所有權的人，在各自的界限內可以使用，除了左右、上下可以區隔的專用部分，還有可以共用的部分，如電梯間或是公共設施部分，也有所有權。

4. 共用部分：本條例第三條第一項第四款：「共用部分指公寓大廈專有部分以外之其他部分及不屬專有之附屬建築物，而供共同使用者。」此所謂之附屬建築物，例如逃生樓梯、健身房、閱覽室等等皆屬之。另有獨立設置的門廳、有開放空間頗大的大堂、頂樓設獨立花園，不應視同公共設施，應屬共用部分。

5. 約定專用部分：本屬專用部分，但經所有權大會通過而供特定區分所有權人使用者。

二、管理組織

1. 區分所有權人會議：即住戶大會，本條例第二十五條至三十二條關於大會之召開、出席人數之規定等，皆有具體規定。唯於起造人依法第一次召集區分所有權人會議訂定規約，各住戶必須確實了解，尤其是在約定專用部分，起造人須作詳細說明。還有互推召集人，每被忽略。

2. 管理委員會：管理委員會之組織及委員之選任應於區分所有權人大會在規約中訂定組織章程。本條例第二十九條和三十六條對管委會

組織與職務有詳細的規定。唯如何開好會，每因主持會議的主任委員缺乏行政經驗，多未了解會議程序，形成會而不議，議而不決，決而不行的種種情節，甚而因私利而爭執，興訟甚至鬥毆。所以管委會的組織章程就不是虛應故事，慎重議定委員人數，以具代表性為定，不宜過多，若人數太多，召集會議不易，又意見紛爭，溝通不易，難期融洽。委員分工避免雜亂，有些社區管理委員會的委員分工巧立名目，總認為全部委員都應該負分工職務，還有同一職務由二或三人擔任，殊不知正應了諺語「一個和尚挑水喝、兩個和尚抬水喝、三個和尚就沒水喝」。在組織章程中詳確列出委員人數，各職務名稱以提供住戶大會討論通過，使管委會有所依據，才不致因管委會組成之初，因缺乏經驗造成困擾。

還有管委會定期會議的開會程序，須有規範，主任委員擔任會議主席，依照會議程序，掌握會議時間，並將會議程序列表附後。委員的意見多主觀，唯社區住戶有老弱殘疾、工作時間早晚不同，必須多重考慮，提升生活品質，全面防範災害，維持委員會的和諧，主委及全體委員的態度極為重大。

茲將管委會的組織和分工委員職稱及職務範圍列述於下：

1.主任委員：由管理委員互推一人為之，對外代表管理委員會，總攬管委會事務。

2.副主任委員：協助主委執行管委會事務，當主任委員因故不克出席管委會主持會議時，代理主持會議。

3.監察委員：社區管理甚重監查、管理費之收繳運用、管理與監督，以及管委會之運作監察督導。

4.財務委員：管理基金及管理費之保管儲存文書、收支帳項之管理，銀行開設管委會帳戶係以管委員名義，並須以管委會、主任委員、監察委員、財務委員印鑑開戶。於出席每月管委會時報告財務保

管、收支帳目及相關財務事宜。

5.採購委員：專責採購事項，保管零用金，凡經管委會決議採購物件或一般零星需用物品，統一由採購委員辦理，經手採購物品均須取得單據，送經財委辦理報銷手續。

6.環保委員：社區清潔衛生之規劃與管理，除住戶門限以內，凡公共使用、走道、廊道、庭院、停車場、建築外圍等，均屬責任範圍。

7.園藝委員：社區內、外花圃、樹木之培育、規劃、維護為其專責，如須動用經費，在零用金範圍內，可協調採購委員撥用，如需較高費用，則需提委員會議決。

8.康樂委員：營造社區文化，提升生活品質，舉辦社區活動，可演講、運動、音樂，棋類等。所需費用由財委撥用。

9.安全委員：建築物及生命財產的安全維護，還有社區安寧等，皆在此一職務的範圍，真是責任重大而又繁瑣，分項說明如下：

(1)消防：六層以上之公寓大廈依《建築法》規定設置消防設備，已如前述；五樓以下公寓供公共使用建築物要有的逃生設備，緩降梯等。需要專業的保養維護，不容許有須臾失靈，要隨時排除故障，有關招商訂約以及對「管理服務人」（物業或保全）之監督，必須隨時留心，處處留意。

(2)門禁：嚴肅門禁管理，監督保全業建立制度，嚴格考核，尤其停車場出入管理、巡邏時注意發現異狀，注意防火、防竊、防盜及任何危害。發現可疑人和事、處理及紀錄。

(3)安寧秩序的維護：執行「規約」中關於安寧秩序維護的規定，可發現確有且有窒礙但有影響生活之不正當情形時，提報管委會研討改進。

10.未經分工之委員，猶如行政院不管部的政務委員，對前述各分工職務，協助執行，注意發現問題，或聯繫該分工委員建議改善或提報委員會討論，秉承住戶付託之重，襄助管委會執行任務。

　　社區居民的生命財產以及生活品質的保障與提升，是依賴區分所有權人（住戶）大會，及社區管理委員會的運作和執行，區分所有權人大會猶如立法院，執行規約及《公寓大廈管理條例》所規定之權力，採全體多數議決，唯多數住戶並不完全了解法令規則，尤其是在由建築商第一次召集的區分所有權人會議，每遭建商左右，喪失權利。保全業常須扮演重要角色，但保全業是在建商銷售期間所僱用，為企圖延續契約僱用關係，態度曖昧，實在有違住戶權益，應秉持適當的立場。

　　第一屆管理委員會責任重大，設若能覓得一家信譽好、以往業績佳、設備全的保全公司，派駐的保全經理或稱為總幹事，是經驗豐富、能力強、配合度也高的人選，第一屆管委會，雖無經驗，也能輕鬆達成任務。首先是財務管理、建立制度，取得管轄地方政府對管委會執照許可，具備法人身分地位，才能在銀行面設管委會帳戶，執行社區規約，規劃管理措施以及溝通接管設備，驗收協助等，真是百廢待舉，如果原建商僱用之保全能配合需要，對管委會忠誠度也高，自然是較佳選擇，因其對社區環境熟悉，對進住的動靜狀態完全瞭然，唯較擔心的是服務態度，其與建商的關係，及其對社區應興革事項能主動積極而不是消極的延宕，可先予試用，慎重考慮後簽約。

　　若必須選擇另覓保全，就需要周全考慮，從多方面尋求資訊，不可輕忽決定，各保全公司投資額，以往的業績、公司的組織、對將派駐的保全主管的經歷、應對能力、對建築物的了解程度、消防管理的經驗等等。當然，對該建築務物管理所需報價，也須評比。至少邀約三家以上該保全公司派駐主管或負責人前來舉行簡報，透過管委會公開評比，共商議決，經試用三個月後訂定契約。

第三節　保全業的經營

一、法定經營項目

依《保全業法》第四條：「保全業得經營左列業務：一、關於辦公處所、營業處所、廠場、倉庫、演藝場所、競賽場所、住居處所、展示及閱覽場所、停車場等防盜、防火、防災之安全防護。二、關於現金或其他貴重物品運送之安全維護。三、關於人身之安全維護。四、其他經中央主管機關核定之保全業務。」

因經營上述多項保全業務，事關社會及人身安全，規定保全業須履行之責任與義務，極為詳盡。《保全業法》第八條關於必備的設備明確規定如下：

1. 固定專用之營業處所：不論總公司或分公司，只要是經營保全業務都必須有專業的處所。
2. 自動通報紀錄情況管制系統設備：規定在營業場所內（總或分公司處所）須有接收通報紀錄系統之裝置。
3. 巡迴服務車，其經營《保全業法》第四條第二款之業務者，並應有特殊安全裝置運鈔車，即第四條第二款為運送現金或貴重物品的運鈔車與巡迴服務車，皆與上述系統裝置關連，運鈔車或巡迴服務車在行駛途中遇有狀況時，系統設備立即反應，適當措施。
4. 關於運鈔車應有特殊安全裝置為保全業設置通訊安全裝備之種類規格及使用規定特再指出：
   (1) 防彈裝置，為預防歹徒持槍械襲擊，駕駛座窗、擋風玻璃，須要是防彈玻璃，車體、車門都要具防彈功能。
   (2) 自動報警系統，運鈔車載運現鈔或貴重物品在途遇襲，需要能將狀況自動通報營業處所的系統設備，俾獲得立即支援。

(3)防盜、防槍裝置：如運鈔車上配置人員，車上必備固定保險箱櫃
　　等。

(4)棍棒（木、鋼、鐵、橡膠質）及鋼、鐵質伸縮警棍。

　　至於個人保全，因獲利較豐，但責任重大，保全的目標是人身安
全，這與運鈔車將貴重物品或現鈔從甲地運往乙地或保全的目標人物往返
住家與工作場所相同，是路途中的安全維護，唯不同的是物品運載有賴運
鈔車的各項安全設備，人身的保全是依賴保全人員，擔負這樣任務的人員
素質是何等重要，當可想而知。體格健壯、戰鬥技能當是必須，敏銳的觀
察能力更是必備，在常態的狀況中能觀察出異常，提高警覺，緊急應變是
可以訓練的。

　　在百貨公司的保全任務則以防竊為主，須在人群中找出可疑分子，
用眼神盯住他、跟蹤他，讓他知道已被察覺而離開，因保全沒有公權
力，不能取締，再者就是防火任務，滅火與疏散訓練，也是最重要的投
資；還有一些臨時派遣的警戒保全工作，根據場所與保全目標的不同，任
務的性質須先勘察後詳加規劃，例如珠寶與珍貴飾物展售場所的選擇，警
戒勤務的位置等皆需周詳規劃。

二、保全業的發展

　　人類的生存依靠建築物，建築物需要有效的管理，社會愈文明，人
類依賴的建築物內容愈來愈發達，電子設備新穎，電腦管控、監視系統周
密，但愈是精進，愈是要人來管理操作，因此依賴保全的程度更深，建築
物與保全的關係更加密切，是連體的生命。保全業不應只是在大門鞠躬彎
腰、開關大門，低聲問安的最低層服務，也不是收入最差、工時最長，地
位最低的行業，須知建築物需要保全才能維護安全，滿足使用人的需求，
建築物的管理者（管理委員會）或所有人（所有權人），不盡然都具有充
分知識和經驗，也因工作忙碌，所以才委託保全業代為管理，保全業要能

全面深度的發揮功能，使建築物充分發揮其品質，對建築物全面、深度的服務，要能敢說：「這棟建築物交給我，你們可以安全放心。這項保全任務交給我們，能更深更廣的全面服務，增加建築物的光彩和價值，深耕社區文化。」不僅是安居樂業，還要生活在這裡的人感覺幸福。

目前保全業是根據民國80年12月經公布施行的《保全業法》，先前連「保全」的稱謂都還沒有時稱為「大樓管理」。「物業管理」的稱謂是外來的，業者也認為「保全」的意義並未能涵蓋「物業管理」的廣度，所以在執行社區服務工作，稱物業為管理的層面，而保全則是夜間的警衛工作，每天的工作時間又是兩班制，不論物業或是保全早班，都是上午七時到下午七點及晚班下午七點到翌日七點，物業不擔任晚班，遇有突發事故，只好再電話通知主管趕來處理，這就不是全面的服務了，因為交給晚班保全的管理時間是在下午七點至翌日七時，頂多是一個組長或領班級的帶班，只能擔負門禁、巡邏或接電話叫車等等常態性工作，遇到不同於一般性的特殊事故，多不知所措。保全業不是已有公會嗎？應該注意此一問題，建議政府將《保全業法》修訂為《物業管理法》，修訂《物業管理細則》，在沒有修法前，沒有所謂物業，依法只有保全業，夜班的保全也再不僅是門禁、巡邏打卡，完成物業管理的訓練，作全面而深度的服務。盼由資本雄厚的企業，已擁有的保全關係企業，以及建築業，能挹注保全業，改變現行的經營態度，集中在都市的豪華建屋和很多高級社區，都需要有良善的管理，益顯建屋的價值，增加其應具備的功能，不僅是推出此建屋的業主，也是設計師、工程師和屋主所共同的期待。常聽到保全業者說：要做到五星級飯店的標準，著者以本身生活與工作經驗所見，及對目前保全所接觸的了解，認為可以更精進的解說如下：

(一)保全業的組織

保全業工會在政策上就應該先把保全業的名稱，改正為「物業管理」，據了解還在《保全業法》未頒布之前稱為大樓管理但無法律依

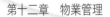

據，中央主管機關經濟部還未開放設立所謂關於有關警衛管理之類的商業公司，但實際已因需要而有所謂大樓管理的商業行為，例如歷史悠久的中興保全公司，最初也僅是裝設保全器材，後來才逐漸開放了保全公司，訂定《保全業法》，物業管理的稱謂是在《保全業法》公布以後才從海外引進。所謂物業管理，應該是「建築物管理」的商業，與保全業的稱謂，遂產生混淆，派駐在建屋的駐點，將管理幹部的部分稱作是「物業」，而將警衛部分稱作是「保全」，因而常在「物業」下班後，發生設備方面的實際事故，「保全」不知所措，甚而聲稱：「那是物業的事。」所以必須正名，申請政府主管機關將《保全業法》修訂為《物業管理法》，提升保全工作人員素質，增加投資，訓練提供物業管理者皆須考領執照，淘汰不健康的從業，振興此一為國家、社會發展所必需的「物業管理事業」。

公司組織也應該包含現行《保全業法》所規定的內容設定警報系統，管理消防、行政、清潔及從事實務和執行人力，而非僅是警衛、警戒的單純業務，須吸收具有機電技術的專業人員，輔導現職從業者報考相關從業執照，達成全面而深度的物業管理服務。

(二)物業管理的要務

■ 節能減碳

地球天然資源終將耗竭，且致浪費汙染環境，影響所及，已經威脅到地球上所有的動、植物的生態與生存，包括人類。人類的先知者、大聲呼籲，希望能有所覺醒，減少浪費，除節省資源外，減少二氧化碳的排放。在建築物內因生活必須，尤其是高樓大廈使用電能、瓦斯，各電梯、燈具、霓虹燈、各種電子設備，生活愈豪奢，愈是豪宅愈是耗電容量大，而發電設備確實都會威脅到人類的生存環境；核能發電最節省資源，但最不安全，遂提倡「無核家園」，水力發電須興建水庫，又有崩塌的危險；火力發電，不是煤就是瓦斯，汙染也大，成本更高，只有風力發電，但又受限於環境，當然還有藉太陽能等多方法，期能改變發電設

施。人類共同的體悟就是節省能源的使用，和開發新的能源，而物業管理事業是專門在建築物內從事管理的專業性的及技術性的事業，當然應培養技術能力，善盡社會責任。工作法則如下：

1. 調整用電的契約內容：在建屋取得使用執照後，起造人先統計用電容量向電力公司訂定使用容量的契約，因契約規定有更改的次數，契約完成後，用戶不得任意改變，容量的限度普通估計的很高，基本用電費用也高，而實際使用有很大差距。物業管理業者於進駐建屋責任管理之始，即應先統計、調查本棟建屋以往用電數據，或就建物用電情形，仔細計算各項用電設施的耗用情形。常見有專業能力的管理者，做成書面的統計圖表，精確的估計該建物的用電容量，向電力公司申請降低契約容量，認真的管理多項用電設施，各用電大的動力用電，如中央空調、電梯、游泳池等等，不讓它超過契約的容量而受罰，對建物內設施空間的照明燈具，更新設備，透過精心的設計節省能源，也宣導住戶節省用電，效果非常顯著，深獲肯定。

2. 中央空調之調節：中央空調可依時令、早晚或假日調節，所謂中央空調的設備分別有好幾部分，有提供冷氣的製冰機，製造冰水輸送到出水口，藉一組馬達、風扇吹出冷氣，還有抽排風機，將室內惡濁空氣抽排到屋外，還必須將新鮮空氣抽送到室內的多個空間，才能達成所謂空氣調節的功能，在新鮮空氣抽送到室內以前還可以預冷，為節省能源可以在季節氣候變化時，或早晚冷熱不同時，或上班前及下班後室內人多及室內淨空時，或在假日無人上班時，適當調整中央空調的運動。這是商辦大廈，也有豪宅設有中央空調，自可比照嚴謹管理。而一般住宅大廈，僅在公共區域設有分離式冷氣或箱型冷氣，年度的保養和認真的管制措施非常重要，透過管委會訂定規則切實執行。至於住戶室內的冷氣設備，應當以服務的立場建議年度保養，清洗濾網，增加功能省電。

3. 電源插座、開關定期檢點：無論是公共地區或家戶室內，減少銅鐵
損耗，損耗雖不大，也能節省能源，減少浪費。各項電器用品如洗
衣機、烤箱、微波爐、電鍋、電扇等等，停止使用時，當即拔下插
頭，不僅減少耗能，也屬安全措施。

■節省用水

高樓大廈皆因自來水壓不足，不能直接輸送至各樓層，必須在最底
層設蓄水池，於頂樓設水塔，依靠電力輸送，節水就是省電。

1. 有游泳池設備的大廈，是水、電耗費的最大負擔，必達成使用者付
費的原則，獨立設置電表、水表，仔細計算成本，加強安全管理，
杜絕浪費資源。

2. 其他公共設施如健身房、閱覽室等等，定時啟用，非開放時間就得
鎖門，有一定的使用人數才能開冷氣機等等，點點滴滴都是省電措
施。物業管理依管委會訂定規則後，嚴格認真的執行。

■門禁措施

門禁的設施已經進步到電子、電腦的管理時代了，甚至有核對影像
的最新設備，硬體設備固然是推陳出新，但還是要人來管理，值勤的保全
人員警覺性要高，要有觀察描述的技能，那都是可以培訓的。

■警衛設施

建物起造的設計，常只考慮到在必要的所在設置哨所，而沒有在提
供設計圖上記有哨所之警衛的固定建築，僅有在使用時臨時搭建簡陋的崗
亭，冬天冷、夏天熱、保全員置身其中，值勤時間是十二小時，實屬有
違人道，在此呼籲建商以及設計師們，請在設計時就能讓物業管理者參
與，更希望建築法規能設定物業管理者能參與建築起造的設計顧問，也能
提升物業管理的能力，建築物與物業管理是孿生關係，美侖美奐的建築
物、設備新穎完整，需要健全的物業管理，培養物業管理的能力，當屬國

家內政要關注的政策。

(三)從業人員的基本訓練

　　保全的從業人員，雖然不需要像軍警一樣抗敵、搏擊的能力，但社會經濟愈繁榮，居住愈集中，犯罪問題就更複雜，尤其吸毒的問題嚴重，衍生出搶劫、殺人、偷盜、運販、製造毒品，危害社會、妨害安寧；保全人員受僱於社區，或是個人保鏢、運鈔，能完全達成任務，對能接觸的人物，一眼看過，就要能辨識其特徵，譬如其身材高低、肥瘦、身重等等，穿著的衣鞋、走路的型態，並立刻用文字描述下來。在擔任哨所、巡邏、運送重要財物或個人保鏢任務時，對周邊可能威脅到安全的人物，能在瞬間辨識其特徵，提高警覺的敏銳，都是可以培養訓練的。執勤時要能表現出專業的態度，注意力專注。

　　每一個從事保全（物業管理）的工作人員都要具備建築物構造和設備的認識，都要有處理任何突發事故的能力，譬如說火警誤報、停電、停水、緊急救護等等，因駐點人力有限，尤其在只少數人值班時。

　　此外，提供完全周密的服務，保全工作在建築物內的服務，沒有什麼事是該管不該管的，凡是使用這所建築物的相關人士，相關生存與生活條件都應該考慮進去，並且要保持積極的態度、切實的管理。即使是門禁的管理人員（保全員）、大門的崗哨也不能推卸在眼前發生的任何事故，需要培養全能的工作知能。

(四)保全業的職責

■保全業受僱於建商時期

　　建商推出建築，可能在預售期間即開始僱用保全，任務單純，房屋落成銷售期間，保全業務逐漸龐雜，有其階段性的職責：初期階段以門禁維護秩序，注意防竊為首要，在進入住戶裝潢階段，則須注意防火，並須建立裝潢工作管理制度，裝潢將影響安全、製造噪音，妨害環境衛生，影

響公共秩序，且將持續數年。保全工作在建商銷售交屋裝潢每有利害衝突之際，所應秉持的立場和態度，對永續服務的目標，影響甚鉅，這也是保全經營發展的關鍵。

■ 保全業與管委會的接觸

1. 在受僱於建商交屋階段：即須建立住戶資料，進行了解住戶身世背景，關於住戶大會適當的提出建議，但不介入是非，因《公寓大廈管理條例》第二十八條規定：「公寓大廈建築物所有權登記之區分所有權人達半數以上及其區分所有權比例合計半數以上時，起造人應於三個月內召集區分所有權人召開區分所有權人會議，成立管理委員會或推選管理負責人，並向直轄市、縣（市）主管機關報備。」唯住戶剛剛入住，彼此多不相識，此時除保全業須審度情形提供正確訊息、扮演適當角色，不是袖手旁觀。

2. 協助召開區分所有權人會議：當起造人依法召開第一次區分所有權人會議時，保全所扮演角色要如何恰如其份，頗值得研究，為達成永續經營目的，除須了解法令規章適當提當提供建議之外，遇有利害衝突時，適當的暗示，善盡社會責任，掌控分寸乃屬必要。

3. 協助管委會接管建築物重要設備及有關土建部分：切實掌握建物各項設備狀況，土建部分現實情況，協助起造人準備移交管理的各類清冊，此際之管理委員會多屬新手，比較脆弱，也是保全業實際展開工作，表現實力與忠誠的契機。

4. 管理委員會申請報備取得執照，獲有當事人能力：迅速備齊文件，向當地政府主管建管機關申請，申請書表至主管單位索取，準備區分所有權人名冊、出席區分所有權人會議簽到名冊及管委會組織章程等，於取得當事人能力後協助管委會於銀行開設帳戶。

5. 訂定管理委員會組織章程：組織章程應包含委員人數、委員分工、開會程序、防火管理、安全門禁等相關事項。

6.協助管委會開好會議：列席管委會除報告工作情形，並須扮好會議
祕書的角色，因會議主持人及與會委員或皆不熟悉如何開會，有賴
保全經理（或稱為總幹事）提供經驗使會議順利進行。

(五)保全業與關係產業

保全業、建築商以及公寓大廈管理委員會是孿生的親密關系，保全
業相對弱勢，須依賴兩者才有生存空間，有些保全公司是建築公司下游的
關係企業，便利經營，但也有不予信任的住家管委會另有選擇。總之，保
全業拓展業務，仍須依靠本身實力。

■保全業與建築商的關係

建商資本雄厚而保全業卻是小本經營，兩者若是健康的發展就應該
是相得益彰、水乳交融，互相依存，但建築商在銷售建屋的廣告上卻不能
像香港、日本把物業管理的功能一併列入宣傳，最多也只是提到門禁、防
竊、防盜、對物業管理關於節省能源、設備維護、用水、用電、排水、汙
水排放等全面且具深度的服務功能，多未提及何以致此？只好說目前保全
業的發展還不完善。

■保全業與建築物

建築物是建商的產品，是保全業的服務對象，換句話說，就是保全
業的衣食父母，保全業完全依靠建商產品的建築物而生存，當然還有運鈔
車以及人身保鑣，是故保全業對建築物必須有充分的認識且要有全方位和
完全的服務態度，不僅是建築商的附屬機構，須要有充實的能力，才能有
職業的尊嚴，不要因為投資額不高，就業容易，投資人為擴充業務而致惡
性競爭，就業者五日京兆，等而下之，愈來愈不振作。據報載，邇來政府
為興建社會住宅遂有設立公立的保全業計畫。建築物開放空間獎勵後愈向
空中發展，愈蓋愈高，門禁安全電子化，公開區域閉路電視，設備安全的
電子監視等莫不是推陳出新，但是不管是如何新穎，都還是要人去操作維

護。所以保全業就不能抱殘守缺，還是停留在大樓管理的階段，提升能力，才能提高待遇，增高收入，才能吸收人才，才能有職業尊嚴。

■保全業與房屋仲介

　　二手屋的租售，保全業可以無償媒合仲介業完成合約，當然可以直接媒介買賣雙方達成契約，正正當當的收受傭金；保全業也可以經營房屋仲介。

三、保全業的榮景與經理管理事宜

　　保全業前途無量，建築業是所謂的火車頭工業，雖受限於土地的取得，但居住卻是廣大人民最基本的需要，而且社區的發展關係影響社會的榮景，保全業怎能不完善的發揮其功能，善盡社會責任。筆者於早先曾經營大樓管理業務，當時還沒有《保全業法》，某大企業已興建若干商業大樓、居住大廈，以及商辦與居住合用大廈，因需要有效的管理，而引進國外的物業管理並逐漸有管理機構的產生，之後再申請成立公司，經濟部卻因警政機關現行法規不允許有警衛公司的經營，只能以企業公司的名義登記。因為不是以營利為目標，主要是把企業的建築物作有效的管理，使其充分的提高效益，所有的建築物全是自家企業的財產，所以提供售後服務，建築物租售全面參與，後因故將經營多年且極具效益的公司結束營業，由具有水電工作經驗的部門自主經營，頗有成就，發揮出以追逐利潤、剝削勞力而不思發展保全業的社會功能。筆者雖已居耄耋之齡，但對保全業的發展深具興趣又有抱負，僅將所見所思分段記述如下：

(一)節能減碳打造綠色建築

　　建商於申請用電時，契約容量的標準多會偏高，保全公司在進住後，無論是商業辦公大廈或商住合用或住家大廈，首先要細心考查實際容量之調整，尤其是商業辦公大廈，首先要細心考慮實際容量之調整，尤

其是商業辦公大樓、百貨公司、旅館、遊藝場等較大型動力用電多的場所，調查、統計用電，嚴格管理措施，達到節能的目標。

1. 中央空調：商業辦公大廈各公司上下班時間，或須加班工作時間，什麼時間可以停機，僅留抽送風，何時關機，或先送風，依實際需要謹慎細心規劃。

2. 商辦大廈的電梯管控：住家大樓電梯當然是全天候開放，商辦大廈因各公司有上下班時間，除因加班人員使用外，下班後至翌日上班前須加管控，例假日除非特別需要亦應適當管控，中央空調、電梯、電扶梯都屬於動力用電，據了解在動力運電較大的建築約占70%以上的用量，照明用電僅占30％以下。

3. 還有一些漏失的電源，所謂「銅鐵損」，也是可以控管的，凡是用電系統接入戶內後，開關、插孔式電源接點皆有損耗，須定期查察、檢點，減低損耗。

4. 為造成電路系統管控目標，建屋內各個主體用電單位的耗電情形按期調查統計、繪製趨勢圖表、比較因氣溫變化的影響，進行節能計畫之執行。

5. 舉凡用電設施據有的馬達、風扇均需定期檢查，因久積灰塵增加負荷，不僅影響其應具備功能，也會增高使用電能。

6. 單純的住家大廈，仍然需有節省能源的措施，保全業要以同理心關心社區住戶，除各類公設部分的照明燈具、開關、電路接點等之外，各住戶室內用電是否正常，宜多關心，最好的辦法是統計分析。

(二)發揮保全業專業技能

本來是討論保全業在建築物的構建中發揮專業功能，善盡社會責任，當然，媒求保全業的發展，提高投資報酬率，如何能達成，是為第一

要義，提供一些經營的經驗藉供參考。

■ 建築物設備維護

　　建築物裡面除水泥鋼骨的構建外，就是設施、設備需要經常維修保養，苟或損害，重則危及生命財產，輕則影響生活，妨害安寧，這都是保全業全面服務的範圍，無可規避的責任，保全業需培養能力，服務的項目愈多，賺錢的機會愈多。除了發電機和電梯必需專業保養維護外，其他諸如中央空調、消防設備、環境清潔、照明用電、給水、排水等等，皆可以由保全業自行經營，不必由管委會直接承包給專業廠商，目前保全業的發展卻是保守而不健全的，視保全為警衛部分稱為保全員，擔任警衛、巡邏勤務。其他管委會的事務性工作如有關管理的帳務及行政工作，總稱為「物業」，不知從何時開始一直延續下來，其實是絕對錯誤的，也因此耽誤了發展，賺的僅是蠅頭小利，應當要把設備維護承攬下來，在總公司裡延攬具有機電專業人才，現今職場上具有機電專長的人才很多，年齡較輕者應多承包機電工程，或為大型機電公司延攬，唯年輕較長者，已難適應攀高爬低的工程現場，轉而從事機電維護保養，保全業應結合此類人才，是保全業的堅強夥伴，除機電維護保養外，現場主管亦可由這些夥伴擔任。茲將建屋內有哪些機電設備可以承攬分項敘述如下：

1. 消防設備：商業辦公大廈和公寓大廈經營方式稍有不同，商辦大廈設有全天候輪值機電工作人員負責檢測維護，工作人員薪資及加班費用已包含在契約金額內，唯購置器材時實報實銷，公寓大廈消防設備較商辦大樓單純，仍有報警系統、滅火系統、泵浦等，目前因保全業多無維護專業而另招攬專業消防設備維修商承辦，保全業如具有專業能力，當可合併安全管理納入承攬合同，培養保全業專業功能提攜保全業地位。

2. 商辦大廈中央空調維護保養，平日的一般運轉操作，由派駐之機電人員擔負，於管理契約內規定，各樓層空調出風口風扇馬達，以及

抽風之扇葉馬達，每年清理檢查，皆可於合約中詳細約定施工人員費用，必需更換的材料視實際需要再約定。公寓大廈內的冷氣機有公共設施部分及住戶家內，均需要年度保養，分別由管委會及住戶承攬，因係就近服務，價格當較市場要低，應當取得優勢，宜可顯現保全業的能力，提高保全業價值。

■ 清潔管理與服務

　　商辦大廈或公寓大廈的環境、住家內的清潔打掃以及垃圾處理，通常都是管委會的煩惱，目前多委託專業清潔公司處理，保全業尚未具備此方面的服務能力，其實清潔服務遠比警衛派遣報酬要高上許多，保全業應該培養清潔的專業，不僅能謀取利潤，益得充實保全業對建築物的奉獻，攻占市場、培植人才、網羅專業、購置機具及經營管理並非難事，茲就商辦與住家大廈的需求，分別述說於下：

1. 商辦大廈：公共區域及各公司辦公室內對環境清潔和垃圾處理，多是由各公司總務人員或管委會管理，由於保全業多未具有清潔工作能力，皆係外包給專業清潔公司承接，各公司室內清潔也多是分別由清潔公司承包。具有物業管理的保全業自行放棄賺取利潤的機會，徒具物業管理的形式，而缺乏專業的能力，一味的惡性競爭，自己貶低社會價值。為振興保全業，當應發展環保清潔業務，進駐商辦大廈，首先從承攬公共區域開始，包括汙水、化糞池、垃圾清理，訂定計畫，或吸塵、打蠟、刷洗、清掃、刮玻璃等，而後擴及各公司室內承攬。只有外牆清洗，因是高空作業，由專業承接。

2. 住家大廈：也分公共地區和各家庭，每每是管委會和區分所有權人最感煩惱的事，若保全業有清潔業務的能力，訂出清潔計畫，因管理費用較專業清潔公司要低廉，管委會自會欣然接受，若能再直接將各家庭包括在內，利潤當更加提高。尤其垃圾處理，家庭裡有廚餘的問題，因為是垃圾車定時收集接運，住戶有多種原因無法配合

時，皆需要依賴保全，現代住家大廈差不多都設有集中的垃圾處理場所，但是如何將各住戶垃圾，包括廚餘收集運送至處理場所，常是頭痛問題，再來就是公共區域的廁所清潔，常被忽略，要維持整潔亮麗的環境，需要保全業維護環境的能力，保全業對建築物的管理有守護的天職。

3.至於化糞池清洗、飲水池、飲水塔清洗，皆可以承攬，牟取利潤。

■ 電力部分

大廈內的電力設施能牟得利潤的機緣不多，公共地區多是在服務範圍內，公有辦公室及住家內照明設備，更換燈具，可以賺取材料的差價，有些營業場所，各餐廳、歌廳需要保全的建築內，都有發展的機會。

四、總結

保全業是法定的名稱，所經營的內涵卻是物業管理，就是建築物的管理，應是先有保全業的法定名稱，而後才自國外引進物業管理稱謂，物業管理的層面是比較廣泛而又直接。

不論是哪一個社會，凡是供集體居住使用的高樓大廈，因有個人或家庭使用的空間和共同使用的區域，法令規定的諸多設備，基於共同的安全需要，必須要設立管理制度，遂產生建築物管理行業，從而可了解，應該將《保全業法》修改為《建築物管理法》，名正而言順。

邇來高樓大廈，還有所謂豪宅，愈蓋愈多，愈蓋愈高，保全業（物業管理）的需要更多，此一行業的發展前途更是宏大，從業者需要擴大胸懷迎向社會需要，正面的告訴建築物所有者、社區或管理委員會，物業管理有能力維護建築物的安全，提高生活品質，有學識、有能力、有經驗治理好這個社區。物業管理是專業，須尊重專業意見訂定規約，必是依據對社區環境的了解，執行是全面、深入的。

　　也建議此行業經營的企業主，共同提升經營理念，不惜成本的擔任起建築物的保護者，美侖美奐的建物，要由物業管理者來維護，要顧好所屬員工，培養各級員工的能力，合法合理的要求工時，提高工資，向社區提出報價時，應將人事費和事業管理費分別編列，實際編列派駐人員薪資，別再從浮報的薪資中，再提出公司的行政管銷費用，與建築業一起蓬勃發展。

題跋

　　人類居住之地球愈來愈擁擠，就連太空、大氣層也都是更加壅塞，我們賴以生存的環境，大受不安全的威脅，所以才必須加以有效的管理。人類行為的準則，無論是在地球、抑或是太空，或者過去、現在及未來，沒有時空的局限，都要在合理的原則下，順從管理。這就是本書的論述，第二版出版雖離第一版甚久，但價值相同。

　　所謂安全，涵蓋面廣泛，實在無法下一定義，但最大的原則，概括的說，就是秩序。無論是人或物，都要各有其所，各安其位，譬如說太空的軌道、電訊的頻道、交通的車道、人行的通道，不時互相扞格。在旅館裡面分內外場，內場的工作人員，有其活動的範圍，不可於旅客活動領域出入，各旅館的廚房，除了是火警的高危險區域外，且刀叉橫列、砧板厚重，在下班休息時間，都要各歸其位；這些都是安全的概念。

　　旅館的安全與建築規劃息息相關。我曾觀察一些先進國家的旅館建築，旅客分別區隔開來，團體旅客進住不會擠在大廳，行李也有分隔的通道，最令人羨慕的是廚房，廚房的儲物櫃不是為節省空間都緊緊的靠在牆壁，而是遠離牆壁能免於藏汙納垢，清洗油汙使用蒸氣，手提滅火器備有罐裝清水，為便於員工訓練之用，旅館進出及館內任何場地絕對沒有坡坎，不僅是為了身障者，也防止跌倒。而我們在建築上仍感遺憾，完全有賴完善的管理。

　　本書於再版時增列一章物業管理，因物業管理業即保全業與建築物相依共存，旅館業是保全業法的管理事業，論述保全業的經營發展，是時提振保全業——物業管理的社會地位，善盡社會責任。

國家圖書館出版品預行編目（CIP）資料

旅館安全管理／黃惠伯著. -- 二版.
--新北市：揚智，2012.12
面：　公分. - -

ISBN　978-986-298-070-5（平裝）

1. 旅館業管理

489.2　　　　　　　　　　101025136

餐飲旅館系列

旅館安全管理

作　　者／黃惠伯
出 版 者／揚智文化事業股份有限公司
發 行 人／葉忠賢
總 編 輯／閻富萍
執行編輯／吳韻如
地　　址／222 新北市深坑區北深路 3 段 260 號 8 樓
電　　話／(02)8662-6826
傳　　真／(02)2664-7633
網　　址／http://www.ycrc.com.tw
 E-mail ／ service@ycrc.com.tw
印　　刷／鼎易印刷事業股份有限公司
 ISBN ／978-986-298-070-5
二版一刷／2012 年 12 月
定　　價／新台幣 350 元